汉竹●亲亲乐读系列

药剂师
妈妈育儿经

朱明媚 / 主编

汉竹图书微博
http://weibo.com/hanzhutushu

读者热线
400-010-8811

江苏凤凰科学技术出版社
全国百佳图书出版单位

自序
PREFACE

　　经历过十月怀胎的辛苦，期待已久的小家伙终于出现在眼前了，升级做妈妈的你是不是既兴奋又紧张呢？可是还没好好体验为人父母的幸福喜悦，就被小家伙的哭声拉回现实：怎么吃了奶还一直哭，身上怎么会出疹子，怎么又发热了……自己不懂护理，只能频繁跑医院，常常被折腾得身心俱疲。

　　养育宝宝一定要这么累吗？未必。作为儿童医院的药剂师，同时身为一个孩子的妈妈，我想我更能懂得你们的焦虑。如果自己对儿童用药和护理完全不了解，更是免不了手忙脚乱，很容易闯入用药误区。

在这本书里，我根据自己的工作和生活经验，解答了很多家长们关心却又知之甚少的用药问题：多大的宝宝能用退热药，抗生素怎么用，用中药还是西药，哪些药品在饭前服，什么情况下选择输液，被猫狗抓伤怎么处理……还提醒爸爸妈妈在就诊前的准备、药房取药、药品储存、喂药技巧等方面容易忽视的细节。从出生到3岁，为宝宝做好每个成长阶段的监测、喂养和日常护理，让育儿这件事更明白、更轻松。

书中关于宝宝喂养、护理等方面的内容，在"育儿男神"刘长伟老师的建议及帮助下，其中的每一个结论，都会反复查找出处、核实资料来源，将稿子中的"雷区"一一排除，力争让妈妈们看到的每一行科普知识都是爱心满满的"准话"。感谢刘长伟老师，感谢在本书出版过程中所有给我建议及帮助的同事及朋友们。

本书虽竭尽全力完善，但难免存在不足之处，恳请大家多提宝贵意见。作为一名新手妈妈，我也希望可以跟各位读者一起，把科学的育儿理念和方法贯彻到宝宝成长的方方面面。宝宝健康快乐地成长，是对我们最好的回报。

2016 年 4 月 10 日

目录
CONTENTS

站在药剂师的
角度说育儿

新生儿期
（0~28天）

天气转凉时，记得给宝宝戴上一顶小棉帽，既可爱又保暖。

婴儿期
（1~12个月）

宝宝在前 3 个月的颈部还不能单独支撑起头部，所以竖抱时要用手托着后脑勺。

宝宝攥着拳头是因为手部肌肉活动调节能力差的缘故。

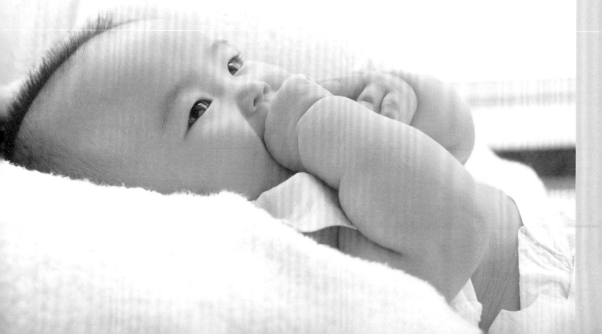

宝宝头部能完全挺直了，但还不是十分有力，竖着抱宝宝的时间不能太长。

如果室内温度较高，宝宝睡觉时可以不穿衣服，只要包好纸尿裤就好，以防闷热。

宝宝揉眼睛，很有可能表示"困了"，爸爸妈妈要多留心宝宝发出的小信号。

宝宝下肢越来越有力，腿脚整天动个不停，最好每天用温水给他洗洗小脚丫。

宝宝如果有自己动手吃饭的欲望，妈妈要鼓励，不要嫌宝宝将食物洒得到处都是。

幼儿期
（1~3岁）

勺头圆钝光滑，有特殊勺柄的软头勺
最适合宝宝使用。

附录

0~1岁宝宝智能发育水平对照表

0~3岁宝宝成长监测曲线

站在药剂师的
角度说育儿

✚ 不是所有的病都必须要去儿童医院

在儿童医院工作了这么多年，我遇到过很多家长急急忙忙带着刚生病的宝宝来医院的例子，有的宝宝甚至只是小毛病或不适。我也问过其中一些家长，而他们往往颇为无奈地表示："只有来三甲医院或专业的儿童医院，心里才踏实。"那么，是不是宝宝有任何不适都要去三甲医院或专业的儿童医院呢？

◎轻微的常见病不需要去儿童医院

如果是一些比较轻微的病症，比如普通感冒、不太严重的发热或者短期的腹泻等，这些病症在附近有儿科的医院就诊就可以了，没必要跑去大医院。因为大医院首先排队就要好长时间，而且人多，空气不好，很容易使宝宝交叉感染。

◎去儿童医院最好提前预约

如果是高热不退、长期腹泻、外伤或中毒等情况，就要第一时间去三甲医院或儿童医院就诊。

排除以上情况，去这类医院看病，最好提前预约。现在很多医院都有现场预约、电话预约或网络预约，一些医院还开通了APP软件预约或微信预约。因为儿童医院的人比较多，如果当天去排队，很可能挂不上号。

另外，如果要去儿童医院看病，除非病情紧急，最好避开周末或寒暑假这样的时间段，因为这时候人一般都很多。

✚ 带宝宝去医院要做哪些准备

一遇到宝宝生病，很多家长就急忙带着宝宝去医院，有的甚至身上只带了钱，宝宝的病历、就诊卡、医保卡什么的一股脑儿都忘了，结果使就诊、住院等变得很麻烦，有时还需要回家再取一趟。家长紧张、着急的心理医生都很理解，但在去医院前，也要做好充足的准备，才不会耽搁事。

最好是两名以上的家长同去，才有利于分工合作，否则一个人会手忙脚乱。

一定要带上病历、医保卡、就诊卡等证件。平时可以用一个带拉链的文件袋把宝宝的这些证件集中保管，之前就诊的化验单等也可以放在里面留存。

还要牢记的是，如果是小宝宝，还要带上奶粉、奶瓶、纸尿裤等；如果是大宝宝，应该带上常用的水杯。医院里一般有热水供应，但水杯还是要自己带。一般医院提供的一次性水杯，最好不要给宝宝用。

✚ 向医生介绍病情要清晰、详细

向医生介绍宝宝病情的时候，家长们必须要牢记：既要清晰、准确、详尽地描述病情，又不能拖泥带水。在医院里，常常会遇到一些家长把一个问题翻来覆去地说、几个家长七嘴八舌一起说等情况。站在我们医生的角度，常常会听得云里雾里，甚至会心生烦躁。

我建议家长们在描述宝宝病情时，把重点放在宝宝的年龄、体重、主要症状、发病时间、最近的精神状态、对哪些药物或食物过敏等方面。比如说宝宝发热，就要说清楚什么时候发热，发热到多少度，有没有伴随一些抽搐、出疹子、拉肚子、咳嗽、流鼻涕等症状。

另外，还要说明宝宝最近吃过什么药，什么时候吃的。比如退热药，要求第一次吃过之后要等4~6小时后才能吃第二次，这些都要向医生说清楚。

✚ 鼓励宝宝勇敢面对验血、打针

有验血或打针经历的宝宝，大多对验血或打针有一种恐惧、排斥的心理。甚至有的宝宝看到穿白大褂的人，不管是医生还是护士，都会条件反射以为是要验血或打针，会一直哭闹。

在验血或打针的时候，家长可以用玩具、零食等转移宝宝的注意力，以减轻打针的疼痛感。还可以用鼓励的口吻告诉宝宝，如果不哭闹，顺利配合医生打针、吃药，病好后就给他（她）买喜欢的玩具、食物或去好玩的地方。而不要哄宝宝说打针不疼、药不苦之类的话，这会让宝宝产生被欺骗的感觉。

药剂师妈妈有话说

如果是去医院复诊，记得要把上次的化验单带上，以备医生查阅。现在有宝宝的家里，基本都会有宝宝专用小药箱，家长可以在去医院前看一下药箱里有哪些宝宝常用药，记住药名，这样可以避免医生重复开药。

➕ 家长要充分信任医生

有时候宝宝生病，而医生开的药很少，或者没开抗生素一类的药，一些家长就会在取药处小声嘀咕："这样能治好吗？"甚至会觉得医生不负责任。

以感冒为例，一般用药后5~7天才会明显好转。如果医生开的药比较少，宝宝吃了1~2天之后没有好转，家长可能就会对医生不信任，甚至换医生、换医院，用药也会换。这其实是不对的，不同医生开的感冒药成分可能不完全相同，但其药理作用是大同小异的，而换药会造成重复用药，也会耽误治疗时机。

对医生没有充分的信任，只能给医生压力。如果医生加大用药剂量，或用一些药效比较猛的药物，就会逐渐造成过度用药的情况，对宝宝身体会有很大影响。

➕ 医生和家长一样为宝宝着急

记得很久之前有人问我："你们医生见惯了宝宝的各种病症，是不是再遇到这些情况时就不慌不急、很淡定了？"我会很清楚地告诉他："我的内心和你一样着急，我只是想尽快把关注点转移到宝宝的病情上来，及时地治疗。"

只是脸上不显急

从一个儿童医院医生的角度来看，淡定、不着急虽然是我们的"标配"，但主要是从医生扎实的医术和丰富的临床经验来说的。而且这种"喜怒不形于色"的态度，会给带宝宝前来就诊的家长们一种心理安抚作用。如果连我们医生的脸上都挂着"着急"二字，家长还不得更焦虑着急、备受煎熬吗？

内心和家长一样急

每个宝宝都是家长的心头肉，从备孕到十月怀胎，再到分娩，家长倾注了大量的精力和爱。但对医生来说，并不会因为不是自己的娃就不着急，医生也有自己的孩子，有医者心，更有父母心。所以，看到原本应该健健康康、活泼可爱的小宝宝受到疾病的折磨，也看到家长们担心、焦虑的神情，我们心里更着急，想着尽快帮助宝宝摆脱疾病的折磨，让家长们的脸上重现笑容。

家长要充分相信医生，向医生介绍宝宝病情时要清晰、详细。

✚ 取药时，很多家长从不核对

按理说取药应该是一个很简单的事，可从实际情况来看并非如此，常常会发生这样或那样的问题。特别是有些家长在医生开了药单后，就拿着单子急急忙忙去排队缴费，再急急忙忙去取药，取到药就走，也不核对一下药品是不是正确。虽然现在药房都会在把药品给家长前做一次检查，但难免会出错。

◎药品出错

有些家长在离开窗口或者回到家之后，才发现药品存在数量、质量或者取错了之类的问题。由于根据法律规定没法进行退换，就常常会跟药剂师起一些争执。

我在药房就遇到过很多这种情况：有些家长将药单递给药师后，不打招呼就去忙别的事，等到他取药的时候，叫了半天也不见人影；有些家长在取药的时候，不注意听名字，明明是叫A家长，B家长就把药往自己兜里装；还有的药还没拿完，人就匆匆忙忙走了……

◎药品重复

还有一种情况就是宝宝看了不止一个科，开了两种成分类似或者作用相同的药。这种情况下，往往只需要吃一种，这时候家长最好去问一下医生，而不能稀里糊涂地拿了药就给宝宝服用。如果不清楚两种药的成分和药性，而同时服用的话，很可能出现毒副作用，既影响疗效，也容易给宝宝带来额外的伤害。

去医院前，先看看宝宝小药箱里有哪些药，这样可以避免医生重复开药。

药剂师妈妈有话说

我建议取药的家长，在医生开药单的时候就要先看一遍，如果有什么疑问，及时向医生问清楚，避免开一些不必要或不适用的药品。取药后也要认真核对一遍，确认无误后再离开，这样会减少很多不必要的麻烦。此外，家长也要问清医生或药剂师服用的剂量，医院一般都会在药品外包装上贴上一个小标签，上面写明服用剂量和次数，家长要仔细看。

✚ 药品储存，那些你不知道的事

常常会有身边的朋友或家长来问我某种药品开封后还能保存多久、能否留作下次使用之类的问题，这都是需要具体问题具体分析的。由于药品的储存问题是很多家长们都很关心的，在这里就系统地总结一下。

◎ 药品的储存条件

大多数药品怕光照、潮湿、高温，因此药品无论是否开封，一般都要密闭、干燥、避光储存，放在家里温度较低的阴凉处，最好能够放在干燥箱内。

禁止将药品放在容易使药品变质的潮湿场所，如浴室、厨房内；大多数药品也不建议放入冰箱，除非是说明书要求或药师强调需要冷藏的药品，如益生菌、生物蛋白制品、加水后的干混悬剂等。

◎ 喝了一半的药，要防止过期变质

建议使用专用的滴管(或量杯)给宝宝喂药，药量较准确。喂完要及时清洗干净。建议在药品包装上注明开封时间，以便下次服用时，清楚地知道药品是否超过使用期限。使用不完的药不要因怕浪费而留下来，如果服用了变质药品，非但不能起到治疗作用，还可能带来更大危害。

需要注意的是，瓶装液体类药品，如果是直接对嘴喝，或者使用未清洗的吸管(或滴管、汤匙)，容易被细菌污染，建议丢弃剩下的药品。中药隔夜后建议丢弃。

◎ 药品开封后使用期限明显缩短

药品包装上标注的有效期，是指药品在未开封状态下的。而药品一旦开封后，因受潮、受热、受光照、受污染等，很容易变质，使用期限就比标注的有效期明显缩短。很多家长往往忽视这一点，认为药品开封后，只要在保质期内，都可以放心用，这其实是不对的。

药剂师妈妈有话说

1.如果有条件，最好在家里准备一个干燥药箱储存药品。

2.药品要按外用、内服分类，以免拿错而产生严重后果；成人用药与宝宝用药分开存放，以免用错。

3.保证药品标签的完整：药名、用法用量、使用禁忌、生产日期和有效期等要完整清楚，最好留存说明书。如果已开封，还要标明开封的日期。

4.定期查看有效期，丢弃过期药品或开封过久药品。

◎ **瓶装固体药**

瓶装的颗粒或胶囊类的固体药一般药量比较大，通常用于慢性病的长期服用，因此储存就很重要。

这类药品开封后，如果出现如下情况就不宜使用：发霉，显著变色(如白色变黄、黑、红)或出现霉点、斑点，气味或味道显著变化；片剂或丸剂松散，糖衣片破裂，出现异色斑块或斑点，自溶，变黑，发霉或黏连；胶囊剂软化或表面严重粘连。

即使没有出现上述情况，瓶装固体药品开封后，在室温(25℃左右)环境下的使用期限通常是2个月，过期就不要再用了。

需要提醒的是，药品一旦开封，瓶内所附的棉球(纸团)和干燥剂建议丢弃。因为药瓶打开后它们会吸附水汽，如果不丢弃就会成为药瓶内的污染源。

◎ **液体制剂**

液体制剂包括糖浆剂、溶液、合剂、乳剂、混悬剂等，稳定性比固体药物差，出现如下情况就不宜使用：发霉，明显变色，有效成分有明显挥发，产生气体，出现酸败、臭味或异味，乳剂及混悬液出现分层、絮状混悬物、沉淀，振摇后不再恢复为均匀状态等。

◎ **袋装药**

袋装药大多是颗粒状或粉剂，也容易变质失效，出现吸潮、软化、结块、潮解等现象就不宜使用。如未出现上述情况，开封后也最好在1个月内用完。比较特殊的有抗贫血药琥珀酸亚铁颗粒，包装开封后，应该在2日内服完。

"板装" 药

铝塑装药，就是我们平时常见的"板装"药，一粒粒胶囊或药片被封在独立的塑料泡中，不会和空气接触，可以放心地在有效期之内使用。

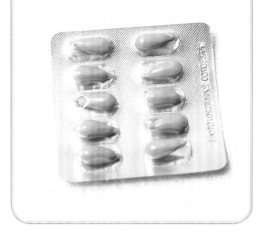

◎ **软膏剂**

避光阴凉干燥处存放，室温中最多可保存2个月。如果出现明显的颗粒、溶化、出水严重、酸败异臭等，就不宜使用。

◎ **眼用药**

包括滴眼液、眼用凝胶和眼膏等。大剂量的眼用药，在首次开封后使用时间不应当超过4周，除非另有说明。

◎ **营养药**

宝宝常用的口服补液盐以及氨基酸口服液在配制或开瓶后，室温下只能保存24小时。整蛋白型肠内营养剂乳剂开封后，于2~10℃中保存不宜超过24小时；其混悬液剂或粉剂及短肽型肠内营养剂，在开封或溶解后，于4℃以下不宜超过24小时。

➕ 药品说明书应该怎么看

从事药剂师这个职业，我很早就养成了一种习惯，就是一拿到药品，先仔细翻看说明书的内容：药品名称、结构式或分子式、作用与用途、用法与用量、毒副作用、注意事项和禁忌证、包装（规格、含量）、贮藏条件、批准文号、生产批号、有效期或失效期等。建议家长也养成这样的习惯，才能放心给宝宝用药。

◎药品名称

包括化学名（如布洛芬）和商品名（如美林）。同一化学名的药品可能有很多商品名（如美林、恬倩等），不同的商品名表示不同的厂家品牌，但成分相同，作用机理相同，不能重复服用。

◎适应证

对症用药，不能使用与宝宝病症不相符的药品。

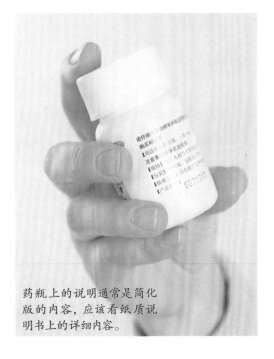

药瓶上的说明通常是简化版的内容，应该看纸质说明书上的详细内容。

◎注意事项和禁忌证

这两项内容一定要认真仔细看。禁用是指禁止使用；忌用是指避免使用；慎用是提醒病人用药期间要谨慎，密切观察病情变化和不良反应，这类药物使用时要遵医嘱。如明确表示12岁以下儿童禁用，那就不能给12岁以下的儿童使用。

◎贮藏

看清是室温保存（25℃以下）、冰箱冷藏保存（2~8℃），还是干燥阴凉避光等。

◎有效期

要结合生产日期来看，生产日期通常不在说明书上，而是印在盒子上或在内包装上打码。要注意开封后有效期会缩短。

◎儿童用药

通常会写"详见用法用量"，有时会有多少岁以下儿童禁用。如写"尚无儿童使用资料或参考文献"，这类药物在使用时要遵医嘱。不能私自给宝宝服用成人药品。

◎用法用量

儿童用法用量主要包括按体重、按年龄服用两种分类。按年龄服用的药物比较简单，看年龄对应的剂量即可，要注意这里的年龄指的是周岁，不是虚岁。按体重服用的药物一般用（毫）克/千克或毫升/千克表示，有的药物是一次用量，有的药物是一天用量，需要进行计算，很多家长会觉得头疼。为避免算错，最好在医院问清楚再回家服用。如没有儿童用法用量，一定要咨询医生，而不能想当然地擅自决定。

◎**药品成分**

多指主要成分，看是否有易致宝宝过敏的成分，或与其他药物重复的成分。比如服用了退热药（如泰诺林），就不要同时服用含退热药成分的复方感冒药（如小儿氨酚黄那敏），重复用药易引发不良反应，如果要服用，至少需要间隔一段时间。

◎**生产厂家**

家长去药店买药时，最好是购买口碑好的大医药厂家生产的药品，安全性高，也便于在使用中遇到问题时能及时解决。

◎**不良反应**

很多药品的说明书上都会写一堆不良反应，家长看了就会心里没底，不知道到底是用还是不用。其实不良反应多恰好说明对药品的认识更深入，安全性反而高。而且不良反应只是事先告知，让家长有心理准备，其实大多不会发生，一般也不影响疗效。如果能事先了解，那么一旦发生了这些不良反应，家长就不会过于惊慌。

◎**批准文号、生产批号**

有助于鉴别真伪，避免买到假劣药品。

➕ 宝宝药箱里应该有什么

宝宝在成长过程中，难免会有这样或那样的病症和意外情况，所以家里一般都会准备一个专用药箱，里面是宝宝需要用到或可能会用到的药品和其他相关物品。那么，药箱里到底放些什么呢？ 从医生的角度，我建议家长们最好准备以下药品和物品。

体温计	水银体温计、耳式体温计、额温枪（任选其一）
发热	泰诺林（对乙酰氨基酚）、美林（布洛芬）、小儿解热栓、退热贴等
感冒、鼻塞	泰诺（酚麻美敏混悬液）、小儿氨酚黄那敏颗粒、生理盐水喷鼻剂等
咳嗽、咳痰	小儿止咳口服溶液、沐舒坦（盐酸氨溴索口服溶液）等
过敏	仙特明（盐酸西替利嗪滴剂）、开瑞坦（氯雷他定）等
腹泻	蒙脱石散、口服补液盐Ⅲ、益生菌等
便秘	开塞露、乳果糖、益生菌等
烫伤	绿药膏、烫伤膏等
消毒	75%酒精、碘酒、碘伏等
红臀	鞣酸软膏
皮炎、湿疹	苯海拉明软膏、氧化锌油等

注：不要将成人药品和宝宝用药放在一起；宝宝小药箱至少要3个月检查一次，及时更换过期的药品。

✚ 宝宝不吃药怎么办

宝宝不愿吃药时你是怎么做的? 当被问到这个问题的时候,一位家长告诉我:"还能怎么办,那就用撬嘴、捏紧鼻孔的方式强行灌药呗,总不能不吃吧。"相信这也是很多家长的应对方法。其实这样做很容易呛到宝宝,甚至导致误吸,引起吸入性肺炎,而且还会造成宝宝的恐惧感。

那么,家长的"突破口"在哪里呢? 这里介绍一些小技巧,或许会对家长们有帮助。

◎ 选择适合宝宝的药物

为了减少宝宝对吃药的抗拒,在药物的选择上,家长尽量选择液体、冲剂、分散片等适合宝宝的剂型,而且尽量选择口感较好的糖浆、果味药品。普通片剂、胶囊等一般要6岁以上儿童才能吞咽。

◎ 小宝宝宜用滴管喂药

对于只有几个月月龄的小宝宝,可用滴管(塑料软管)吸满药液,每次以小剂量慢慢滴入宝宝口中。等宝宝下咽后,再继续喂药。也可以把药溶入温水中,倒进奶瓶里,让小宝宝自己吮吸。由于药量较少,不要让过多药物残存在奶瓶中,以免影响药效。如果发生呛咳,就该立即停止喂药,抱起宝宝轻轻拍后背,以免药液呛入气管。

◎ 鼓励大宝宝主动吃药

大宝宝如果懂事了,家长可以耐心地和宝宝交流,讲明吃药的道理以及不吃药的后果,鼓励宝宝主动吃药。可以适当给予小小的奖励,让宝宝从心理上消除对药物的恐惧,由被动变主动,不再害怕吃药。

◎ 给口感不好的药加点糖

如果药特别苦或有其他不好的口感,让宝宝特别抗拒,可以在给宝宝服药的时候加点糖。但大多数不能用饮料、配方奶、牛奶等送服,除非说明书上有说明(如益生菌可用奶送服)。

喂药后再喂少量温开水

虽然纯母乳喂养的宝宝6个月以内不需要喝水,但是喂药后可以喂少量温开水将口中残留的药冲下去。不过,口服止咳糖浆后不要立即喂水,因为留在口腔和咽部的药可以缓和刺激,减轻咳嗽。

✚ 医生说的饭前饭后有什么讲究

医生在开药的时候，往往会叮嘱家长某些药要在饭前或饭后吃，大部分家长也没多想，觉得照着医生的叮嘱做就行了，而有些家长则会"刨根究底"地问为什么。说来也很简单，就是根据药物对胃的刺激性以及食物对药物的影响不同，来决定这种药在什么时候服用效果更好。

当然了，这里的时间不仅仅局限于饭前还是饭后，还有饭间、睡前、空腹时等，下面就列举一些成人和宝宝在不同时间用药的例子。

◎饭前服用（饭前 30 分钟到 1 小时）

宜在饭前服用的药通常对胃刺激性小，这时候胃里没有食物，药物不会与食物相互作用，药物吸收完全，可以迅速发挥作用。常见的有多潘立酮（即吗丁啉，1岁以下宝宝慎用）；解痉药，如阿托品（儿童慎用，儿童脑部对本品敏感，尤其发热时，易引起中枢障碍）；吸附类药，如蒙脱石散、药用炭等。

◎饭间服用

饭间常用的有助消化药，如胃蛋白酶等，吃饭时服用可及时发挥作用，帮助消化。

◎空腹服用

主要是一些驱虫药和盐类泻药，空腹服用可避免食物对药物的影响，使药物迅速入肠并保持较高浓度，驱虫药（如左旋咪唑）、盐类泻药（如硫酸镁和硫酸钠）等，都宜在清晨空腹（早餐前1小时）服用。治疗儿童便秘的乳果糖也应在早晨空腹服用。

◎睡前服（睡前 15~30 分钟）

主要是抗过敏药和哮喘药，两者有嗜睡的不良反应，如扑尔敏（新生儿、早产儿不宜使用）、非那根（早产儿、新生儿禁用，3个月以下宝宝不宜使用）等。

◎饭后服用（饭后 30 分钟到 1 小时）

药物说明书中没有特殊注明的，一般都可在餐后吃。尤其是对胃有刺激性的药物，如非甾体抗炎药，如阿司匹林、布洛芬（消化道溃疡、肾功能不全、心功能不全、高血压宝宝慎用）等。补血药（如补铁剂）也是在饭后服用。

✚ 宝宝吃中药比西药更安全吗

◎ 急性疾病首选西药

　　选中药还是西药这个问题,这要看具体是什么病,如果是急性的疾病,比如高热、急性腹泻等,用西药的效果就比较快;如果是有细菌感染的疾病,还是要服用抗生素一类的西药;如果是感冒、咳嗽这种症状比较明显的病,中药和西药都可以,而且现在很多的感冒药都是复方成分的,是中药和西药的混合制剂。

◎ 中药也有不良反应

　　有一些家长认为中药的副作用比西药小,这种观点其实是不对的。因为中药的化学成分非常复杂,而且临床对照研究也比较少,很多中药在不良反应这一栏中的表述是"尚不明确",这并不是说没有不良反应。而且宝宝的肝肾器官发育还不成熟,如果家长自行给宝宝服用中药,可能会引起某些毒副作用,所以给宝宝服用中药一定要遵医嘱,不建议私自按照一些书上的方子给宝宝配中药。

药剂师妈妈有话说

　　宝宝服用中药的时间,在饭后半小时比较合适,这样可以防止中药成分对胃黏膜造成刺激。而且服用中药前后1小时,不要给宝宝喝牛奶、豆浆等,以免与中药的成分发生化学反应,影响药效。

中药和西药至少间隔半小时服用

　　中药的成分非常复杂,有效成分也不是很明确,在不了解的情况下,某些成分可能会与西药相互作用,影响吸收,降低药效,甚至引起不良反应。所以,家长在不能判断中药和西药能不能同时吃的时候,最好是间隔半小时以上服用。如果医生在开药的时候两种药都有,可以当面咨询是否可以同时服用,毕竟医生对两种药的成分和药性更加了解。

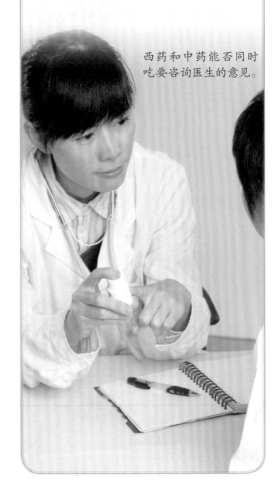
西药和中药能否同时吃要咨询医生的意见。

◎ 多大的宝宝可以吃药

母乳喂养的宝宝,体内都会有从母乳中获得的免疫球蛋白和抗体,所以在6个月以前,会有一定的抵抗力。如果宝宝有腹泻、便秘等消化系统问题,这也不一定是疾病,也有可能是喂养不当或对乳制品过敏造成的,并不需要吃药治疗。因此遇到这类问题,需要去医院查明原因,让医生判断是否需要用药。

而且,由于宝宝的肝肾功能发育并不成熟,因此给6个月以前的宝宝服药,更是要慎重,一定要遵医嘱。还要仔细看说明书,看有没有6个月以前宝宝的用法,如果有,就说明是经过临床验证过的,或是使用年限比较长、安全性比较好的药,可以选择给宝宝服用。不能私自给宝宝服用药物,更不能随意将成人的药物给宝宝服用。

另外,很多家长都很关心多大的宝宝才可以吃药这个问题,其实这在目前也是没有定论的。从医生的观点来看,如果有需要,就要及时用药,否则会给宝宝带来更大伤害。比如说一些急性病,如高热、急性腹泻等,就要及时去医院,按医生的指导及时用药治疗。

✚ 口服液,别忽视喝前摇匀

"喝前摇匀? 有这个必要吗?"每当我随口一说的时候,很多家长就会这样反问。其实很有必要,但很多人并不了解。

液体口服药静置后,就会不同程度地出现有效成分沉淀的现象。如果不摇匀就喝,最先喝下的药液中,有效成分的浓度就会比较低,药效不足。而越到瓶底部分,有效成分的浓度就越高,给宝宝服用后可能会产生一些不良反应。

摇匀了之后再给宝宝喝,药的有效成分才能均匀地分布,这样才能保证从一开始到最后,药的有效成分的浓度是相同的,从而保证药效。

所以,包括口服液在内的液体类口服药,一定要摇匀后再服用,尤其是糖浆或混悬剂,以及沉淀速度比较快的口服药。

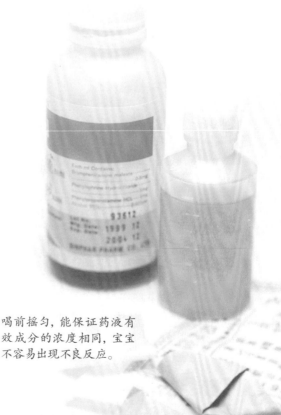

喝前摇匀,能保证药液有效成分的浓度相同,宝宝不容易出现不良反应。

✚ 抗生素：坚决不用和滥用都不对

在药学部常年的工作中，我归纳了家长们给宝宝使用抗生素的两大误区：一是坚决不用抗生素，二是只要生病就用抗生素。这两种方式都是有问题的，抗生素该用的时候就要用，但也不能滥用。

◎ 细菌感染才用抗生素

宝宝出现感冒、发热等病症后，如果检查出白细胞和中性粒细胞的值都比较高，或C反应蛋白明显增高，或有明显的细菌感染症状，比如说扁桃体红肿、肺炎等，这时候就肯定要用抗生素了。而病毒感染用抗生素是没有作用的。

◎ 很多抗生素是根据宝宝体重决定用量

抗生素在使用过程中，很多是根据宝宝的体重决定用量的，一些家长就是看了说明书，也不清楚到底该吃多少或输液用多少，所以要请医生帮忙算出用量，医生在这方面的经验比较多。

◎ 抗生素要严格按照疗程使用

抗生素发挥效果也是需要时间的，通常使用一种抗生素，要等3天后再观察症状是否缓解。不能使用一种抗生素还不到1天，觉得没作用，就换另一种。这样不仅不利于病情好转，而且会使细菌对多种抗生素逐渐产生耐药性。抗生素也有自己的疗程，如果刚有效果就停用，就起不到彻底的杀菌消炎功效，还会使残存的细菌产生耐药性，导致病情反复。比如细菌性肺炎就需要连续使用14天抗生素，不能中断，也不能缩短疗程。

◎ 最好使用一种抗生素

另外，也不需要联合几种抗生素一起用，能用一种抗生素就不要使用多种抗生素。如果擅自同时使用多种抗生素，可能会带来毒副作用，只有医生明确表示需要联合使用时，才能联合使用抗生素。

项目名称	结果		参考范围	单位	序代号	项目名称	结果
C反应蛋白	17	↑	≤10	mg/L	20 RDW-CV	红细胞分布宽度CV	13.1
白细胞计数	12.31	↑	4-10	10^9/L	21 PLT	血小板计数	613
淋巴细胞百分比	37.6		20-40	%	22 PDW	血小板分布宽度	8.4
单核细胞百分比	6.8		3-8	%	23 MPV	平均血小板体积	8.4
中性粒细胞百分比	47.8	↓	50-70	%	24 PCT	血小板压积	0.51
嗜酸性粒细胞百分比	7.6	↑	0.5-5	%	25 P-LCR	大血小板比率	12.2
嗜碱性粒细胞百分比	0.2		0-1	%			
淋巴细胞绝对值	4.63	↑	0.8-4	10^9/L			
单核细胞绝对值	0.84	↑	0.12-0.8	10^9/L			
中性粒细胞绝对值	5.88		2-7	10^9/L			
嗜酸性粒细胞绝对值	0.94	↑	0.05-0.5	10^9/L			
嗜碱性粒细胞绝对值	0.02		0-0.1	10^9/L			

◎**不需要使用抗生素的情况**

1.大多数感冒、发热都是由病毒引起的，也有少数是由细菌引起的，所以要去医院验血进行判断。如果检查出白细胞值不高，中性粒细胞不高，而淋巴细胞值高，通常判断为病毒感染，一般可以自愈，就不需要用抗生素。

2.宝宝大多数腹泻都不是细菌引起的，只有大便常规化验出白细胞或脓细胞高于正常值，才能判断可能是细菌引起的，需要使用抗生素。其他腹泻可能是喂养方式不当、对乳制品不耐受或轮状病毒感染引起的，不需要使用抗生素。

3.还有一些病毒性疾病，如水痘、流行性腮腺炎、流行性感冒、病毒性胃肠炎等，使用抗生素是没有效果的。

4.如果是周围其他宝宝出现感冒发热，有些家长会预防性地给宝宝使用抗生素，这种做法是不对的。抗生素不能预防任何感染，滥用反而会引起某些细菌的耐药性。

5.抗生素仅仅适用于细菌或微生物引起的炎症，如果是脚崴了一下引起的红肿、瘀血、疼痛等，或者一些皮炎等炎症，抗生素是没有任何作用的。

抗生素对宝宝的不利影响

1.由于宝宝肝肾功能发育不完全，而抗生素大多是通过肝脏或肾脏进行代谢的，会对肝脏或肾脏造成一定损伤，比较明显的如万古霉素。

2.抗生素可以引起其他一些不良反应，例如青霉素或头孢菌素类可引起过敏反应，严重时可引起过敏性休克，甚至死亡。红霉素对胃肠道的不良反应还是比较大的，一些宝宝在输注红霉素的过程中，会出现腹痛、腹泻等情况。

3.如果滥用抗生素，时间长了会引起一些细菌的耐药性，以后再使用，低级抗生素就没法杀死细菌，而只能用高级的抗生素。久而久之，就没有抗生素可用了。

4.如果长时间使用抗生素，就会破坏肠道的正常菌群，引起二重感染，比如抗生素继发性腹泻或真菌感染。

此外，还有一些抗生素对某个年龄段的宝宝是禁用的，如氨基糖苷类的庆大霉素、链霉素等，喹诺酮类的氧氟沙星等，四环素类。以前就有很多因使用了这些抗生素而导致宝宝听力受损、不长个子的案例，不过这些药物医院通常不会开具，家长们不必担心，只要不自行给宝宝使用即可。

✚ 泰诺林和美林有什么区别

对乙酰氨基酚(如泰诺林)和布洛芬(如美林)是世界卫生组织推荐的两种退热药,也是较为安全的退热药。宝宝发热时家长可以放心使用,但要用适合宝宝的儿童剂型。而且这两者之间还是有一些区别的,家长们可以根据具体情况选择。

◎ 泰诺林

适用年龄:3月龄以上的宝宝。

用法:两次服药要间隔4~6小时,每日服用次数不得超过4次。

优点:吸收快速而且完全,口服30分钟内就能产生退热作用。对胃肠道基本没有刺激,对血小板功能以及凝血功能没有影响,没有肾毒性,所以安全性比较高。滴管便于服用且剂量准确。

缺点:虽然起效快,但控制体温的时间相对其他药物要短,控制退热时间为2~4小时。主要不良反应是肝脏损害。如果宝宝患有肝脏方面的疾病,使用泰诺林之前要先咨询医生。

◎ 美林

适用年龄:通常在宝宝6月龄以上,才推荐使用美林。

用法:使用间隔6~8小时,每日不得超过4次。

优点:退热平稳而且持久,控制退热时间平均约6小时,最高可达8小时。而且它对于39℃以上的高热退烧效果比泰诺林要好。

缺点:不良反应比泰诺林多,有轻度的胃肠道不适,偶有皮疹和耳鸣、头痛、影响凝血功能及转移酶升高等,也可能引起胃肠道出血而加重溃疡;在脱水、血容量低的状态下偶见可逆的肾损伤;过量服用可能会导致中枢神经系统抑制、癫痫发作等副作用。如果宝宝有肾脏疾病、哮喘、溃疡或其他慢性疾病,使用美林之前要先咨询医生;如果宝宝脱水、呕吐或严重腹泻,就不能使用美林,除非有医生的严格监控。

药剂师妈妈有话说

一些家长可能同时购买了泰诺林和美林,当退热效果不好时,就给宝宝同时服用或交替服用,这种做法会增加风险。如果服用后出现不良反应,就无法鉴别是哪种药物引起的。严重持续性高热可以交替使用退热药,但一定要在医生指导下使用,不要自行使用。

给宝宝退热还要注意这些

1.宝宝体温超过38.5℃才需要吃退热药,低热宜采用物理降温。

2.3个月内婴幼儿是否应用退热药,没有定论,建议物理降温。

3.对于意识不清、进食差、不能配合口服用药或呕吐的宝宝,可使用退热栓剂。

4.多给宝宝喝水以防脱水,尤其是服用美林时,多喝水还能加速带走身体内的热量。

✚ 皮试预防输液过敏

我们都知道，由于一些药品在使用中容易引起过敏反应，比如青霉素、链霉素等，这类药物在使用前，都要做皮试，否则会对患者的健康带来很大隐患。

在给宝宝输液前，也会做皮试来确保输液安全。这时候家长就要有心了，如果宝宝在皮试中对某种药品过敏，就要把这种药记下来（最好是用纸记，放在装宝宝就诊证件的文件袋中）。到下次需要输液的时候，就要向医生主动提及宝宝对该药品过敏。这虽然只是一个很小的就诊细节，但却会提高诊治效率，更重要的是可以保障宝宝的健康。

✚ 什么情况下选择输液

由于输液的效果比较快，因此一遇到宝宝生病，很多家长就首选输液而不是口服药物。其实，病了就输液，这也会对宝宝产生一定的不利影响。

◎ 只输液的不利影响

1.输液和注射一样，宝宝会感觉疼痛，久而久之，就会产生去医院的心理阴影。

2.经常输液会影响血管健康，而且输液本身会形成轻微创伤，增加感染的风险。

3.由于输液的效果比较快，如果以后不输液而改口服药物，家长可能会觉得口服药物的功效不如输液来得快。久而久之导致输液依赖，形成恶性循环。

4.如果医院输液的消毒不严格、医生护士操作不当，还可能引发一些输液反应。

5.输液会导致过敏反应的概率增加。比如有些青霉素和头孢菌素类在做皮试时虽然是阴性的，但在输液浓度比较大的时候，有时还会引发过敏反应。

6.一些中药注射剂，由于成分比较复杂，就可能引起输液反应。我在医院曾遇到过几例因输液而导致过敏性休克、需要抢救的情况。

7.长期输液，药液中不可避免会掺进一些玻璃碎屑、橡胶微粒等，这些物质进入血管，沉积在血管和肺中，引起血管阻塞，改变其通透性，使肺的功能下降。现在老年人出现血栓或肺功能下降，可能也是跟长期输液有关。

8.如果输液过多过快，很容易使心脏、肾脏的负担增加。临床上也有过因此而导致心悸的情况。

9.输液的药物很多是抗生素，如果经常输液的话，会导致细菌的耐药性增加。

◎ 必须输液的情况

虽然长期输液会有一些不利影响，但不能因此就放弃输液。遇到一些急性疾病或危重病情，比如说昏迷、无法克服的呕吐、大量脱水等，就需要及时输液；严重的肺炎等大量细菌感染，也需要通过输液快速杀菌。

➕ 宝宝咳嗽的防与治

每年到了冬春季节以及其他天气变化大的时段，很多宝宝都会由于受凉、感冒、过敏等而咳嗽不停，带宝宝前来医院就诊的家长会明显增多。

◎ 常见病因

一是呼吸道感染。细菌(如百日咳杆菌、结核杆菌)、病毒(如呼吸道合胞病毒、副流感病毒)、肺炎支原体、衣原体等病原微生物导致的呼吸道感染，是宝宝咳嗽的常见原因，特别是5岁以下的宝宝。

二是咳嗽变异性哮喘。这是引起宝宝慢性咳嗽的常见原因之一，咳嗽一般会持续超过4周，临床上无感染症状，而且经过较长时间的抗生素治疗也没有效果，但可以通过过敏原检测阳性来辅助诊断。

三是其他原因，如胃食管反流性咳嗽、心因性咳嗽、吸入异物导致的咳嗽等。

◎ 对因防治

首先要注意去除或避免诱发、加重咳嗽的非感染性因素。避免接触过敏原、冷空气、尘霾、烟雾，保持合适的房间温度和湿度；如果是宝宝不慎吞咽异物至食道，应及时采用正确的方法，取出异物，或在宝宝能呼吸的情况下送医院急救。

其次是用抗菌药物治疗。如果明确了是细菌或肺炎支原体、衣原体感染导致的咳嗽，就可以使用抗菌药物。肺炎支原体或衣原体感染，可根据宝宝年龄选择大环内酯类抗生素，包括红霉素、阿奇霉素等；其他病原菌感染在初步治疗后，如果需要调整抗生素，应按药敏试验结果选用。

对症治疗

1. 祛痰药。如盐酸氨溴索(沐舒坦)、盐酸溴己新、乙酰半胱氨酸等。

2. 平喘药。一类是气管扩张药，包括 β_2 受体激动药(如沙丁胺醇)、氨茶碱类(新生儿慎用)和M受体阻断药(如异丙托溴铵)等；一类是平喘抗炎药，以糖皮质激素为主；还有一类是抗过敏平喘药，包括抗组胺药(如酮替芬、氯雷他定、西替利嗪等)、抗白三烯类药(如孟鲁斯特钠)等。

3. 镇咳药。慢性咳嗽在未明确病因前，不主张使用镇咳药，因为这类药的不良反应大，乱用甚至会造成生命危险。使用这类药物一定要在医生指导下进行。

镇咳药的不良反应大，在给宝宝使用时要严格在医生的指导下进行。

✚ 别滥用止咳糖浆

"孩子咳嗽了,那就喝止咳糖浆呗。"

"止咳糖浆有很多种类,你一般是怎么选的?"

"随便选一种……医生,这里有很多讲究吗?"

宝宝咳嗽时,很多家长们都知道用止咳糖浆,而明确知道哪类咳嗽该用哪种止咳糖浆的家长就比较少。只有根据咳嗽的原因,选择对症的止咳糖浆,治疗才有效。

◎ 不同止咳糖浆的适用症状

如果是受凉、感冒引起的咳嗽,喝止咳糖浆是有效的。如果是过敏、哮喘、反流性食管炎等引起的咳嗽,止咳糖浆是没有作用的,等这些病症治愈后,咳嗽自然会消失。

还要看宝宝咳嗽的性质,如果是干咳不止,就要选择以止咳为主的糖浆;如果是痰多,就要选择以祛痰为主的糖浆。

◎ 止咳糖浆不能多喝

由于止咳糖浆味甜,容易被宝宝接受,所以一些家长就常常给宝宝多喝,认为喝得多好得快。其实这是一个误区,止咳糖浆喝多了很容易导致不良反应,因此不能一咳嗽就喝,更不能当糖水喝。

止咳糖浆有中药成分和西药成分。中药成分通常比较复杂,而且中药分寒热温凉等不同属性,家长通常无法对宝宝的咳嗽病因和寒热属性进行判断,因此无法对症用药,需要在医生指导下选择和服用。

止咳糖浆中的西药成分主要包括中枢性镇咳成分(右美沙芬等)、抗过敏成分(非那根、扑尔敏等)、扩张支气管成分(麻黄碱等),有的还含有祛痰成分。非那根、扑尔敏会产生眩晕、嗜睡等不良反应,因此3个月以下宝宝禁用;而麻黄碱服用过多,会使宝宝出现烦躁不安、头昏、呕吐、心率增快、血压上升甚至休克等中毒反应。因此止咳糖浆不能给宝宝多喝。

药剂师妈妈有话说

止咳糖浆不能和某些药物或食物一起喝,以免产生相互作用,比如配方奶。如果与配方奶同时喝,药液就会被稀释,会影响药效,也容易引起宝宝呕吐,最好是喝完奶1个小时左右再喝止咳糖浆。

✚ 进口疫苗一定比国产疫苗好吗

因国产疫苗的质量问题而对宝宝生命安全造成重大危害的事件偶有报道，这让许多家长对国产疫苗的质量生疑，转而只相信进口疫苗。从家长的角度来说做这样的选择无可厚非，但这并不是说进口疫苗就一定比国产疫苗好。

◎国产和进口疫苗都能达到国家标准

无论是国产疫苗还是进口疫苗，都要经过质检部门检测，质量合格才能上市销售，质量上都能达到国家标准。不排除小部分国产疫苗生产不规范、质检部门玩忽职守引发的质量问题。从发生不良反应的比例来说，绝大部分国产疫苗安全有效性还是有保证的，家长们可以放心选用。

◎国产疫苗大多是减毒活疫苗

大多数国产疫苗是减毒活疫苗，优点是使用方便，价格比进口疫苗便宜。95%以上的接种者产生长期免疫。但由于是活疫苗，如果用在免疫功能缺陷或接受免疫抑制剂治疗的宝宝身上，会引起很大危害。

◎进口疫苗大多是灭活疫苗

大多数进口疫苗是灭活疫苗，俗称死疫苗，优点是安全、副作用小，一般用于免疫功能缺陷者，也可用于接受免疫抑制剂治疗者。但是免疫维持时间较短，且需要重复注射，肠道不能产生局部免疫能力。

进口疫苗通常价格昂贵

进口疫苗和国产疫苗的价格差异，主要在于毒株及其培养工艺不同，以及由此引起的产生抗体数量的多少、防疫时间的长短、不良反应的大小等方面。进口疫苗在制作工艺上更精湛，药物纯度更高，杂质更少，不良反应发生率更低。加上运输成本和关税，所以进口疫苗的价格往往比国产疫苗高出很多。

以甲肝疫苗为例，国产的每支价格在17元左右，而进口的价格高达284元。进口疫苗是灭活疫苗，注射后产生甲肝的保护性抗体，甲肝病毒侵袭时可防止发病，但产生细胞免疫的作用很差。国产疫苗是减毒活疫苗，既可产生甲肝的保护性抗体，又可增强细胞免疫的活化、识别、吞噬等能力。

事实说明，国产甲肝疫苗效果不比进口甲肝疫苗差，主要在于价格差异和稳定性不同，家长可以根据实际情况放心选择。

✚ 根据需要选择自费疫苗

在接种疫苗这个问题上，一些家长会走到两个极端上：一类是一概拒绝自费疫苗，另一部分是把所有疫苗都打一遍。其实这两种方式都不可取，比较合理的做法是根据实际需要给宝宝接种部分自费疫苗，下面是建议给宝宝接种的一些自费疫苗。

◎ 流感疫苗

7个月以上，患有哮喘、先天性心脏病、慢性肾炎、糖尿病等抵抗疾病能力差的宝宝，一旦流感流行，容易患病并诱发旧病发作或加重，家长应考虑及时接种。

◎ 肺炎疫苗

因为肺炎是由多种细菌、病毒等病原微生物引起，单靠某一种疫苗预防的效果毕竟有限，所以一般健康的宝宝不主张选用。但体弱多病的宝宝，应该考虑选用。

◎ B型流感嗜血杆菌混合疫苗（HIB疫苗）

世界上已有20多个国家将HIB疫苗列入常规计划免疫。5岁以下宝宝容易感染B型流感嗜血杆菌，它不仅会引起肺炎，还会引起脑膜炎、败血症、脊髓炎、中耳炎、心包炎等严重疾病，是引起宝宝严重细菌感染的主要致病菌，所以建议给宝宝接种HIB疫苗。

◎ 轮状病毒疫苗

轮状病毒是引起3个月到2岁宝宝病毒性腹泻（也就是秋季腹泻）最常见的原因，接种轮状病毒疫苗能预防宝宝严重腹泻。

◎ 水痘疫苗

一些家长觉得，水痘疫苗对于身体好的宝宝来说是可用可不用的，不用的理由是水痘是良性自限性"传染病"，列入传染病管理范围。但是从宝宝健康的角度，还是建议给宝宝接种水痘疫苗的，而且水痘经常在幼儿园、小学爆发流行，所以幼儿园一般也会要求宝宝在入园前接种水痘疫苗。

◎ 狂犬病疫苗

狂犬病发病后的死亡率几乎100%，但世界上目前还没有一种有效的治疗狂犬病的方法。很多家庭都养有猫、狗等宠物，而宝宝还不具备抵抗外界侵害的能力，容易被宠物所伤。所以，凡被动物咬伤或抓伤后，都应该及时注射狂犬病疫苗。

药剂师妈妈有话说

甲肝疫苗目前是我们国家儿童接种的主要疫苗之一，部分省市已经提供免费接种甲肝疫苗。目前市场上的甲肝疫苗主要分甲肝减毒活疫苗和灭活疫苗两大类。甲肝减毒活疫苗的价格较便宜，而灭活疫苗具有更好的稳定性。甲肝灭活疫苗是世界卫生组织推荐使用的疫苗之一，年龄在1周岁的儿童对病毒的抵抗力较弱，最好注射甲肝疫苗。接种甲肝疫苗后8周左右便可生产很高的抗体，获得良好的免疫力。

➕ 疫苗并不是越贵越好

疫苗不是越贵越好，家长要从防病治病、经济条件等综合因素来考虑，理性选择。比如，五联疫苗虽然优势明显，但价格比较昂贵；7价肺炎疫苗能预防7种常见血清型的肺炎，但这7种以外的肺炎不能预防，所以不能指望打了这个疫苗的孩子肯定不会得肺炎。

像甲肝疫苗、乙肝疫苗，国产疫苗的品质并不逊于进口疫苗，家长不必盲目追捧价格昂贵的进口疫苗。

➕ 被猫狗抓伤或咬伤的紧急处理

宝宝的好奇心非常强，对猫、狗等小动物的兴趣浓厚，而这些宠物对不熟悉的人常表现得很不温顺。当宝宝接近它们时，容易被其抓伤或咬伤，以猫、狗致伤多见。一般说来，被动物抓伤或咬伤后一旦感染就很严重，家长应采取哪些急救措施，才能减少宝宝感染的机会呢？

1.首先让宝宝保持平卧位，不要乱动，以免毒素扩散。家养宠物的咬伤伤势一般都较轻，家长完全可以给宝宝清洗伤口。具体步骤是：先挤出伤口里的污血，用肥皂水(无水源可用矿泉水)反复冲洗伤处，再用清水冲干净。清洗伤口后应涂抹碘酒，一般不用包扎伤口，暴露即可。

2.立即注射狂犬病疫苗。狂犬病毒的主要携带者是野狗和野猫，但家养的猫狗中也有携带病毒的可能。所以在将伤口清洗后，要立即带宝宝去注射狂犬病疫苗，即便三四天后才发现伤口，也应带宝宝去注射疫苗。对未曾接种过狂犬病疫苗的宝宝，要接种5次——当天、第3天、第7天、第14天、第30天。一定要坚持把针完整打完，这是一个必要且科学的程序。

3.被小猫抓伤后，把温水和肥皂水混合在一起，给宝宝冲洗伤口5分钟。但是要注意，不能使用双氧水或其他杀菌溶液为宝宝清洗伤口，这只会让宝宝越来越疼。如果伤口流血了，要用干净的纱布压住流血的地方来止血。简单处理后观察10分钟，如果宝宝的伤口仍大量出血，或者宝宝的脸上、手上、伤口处出现红肿现象，就要马上带宝宝去医院检查，警惕感染猫抓病。

家养的小猫也可能携带狂犬病毒，所以被抓伤后也要及时注射疫苗。

➕ 宝宝误吞异物怎么办

宝宝到了口欲期，特别容易吞食异物，如小扣子、小珠子、小玩具、小药粒之类的东西，一些能随粪便排出来，但也有一些容易卡住食道、堵住气管等，引发危险，因此家长要掌握正确的紧急处理方法。

1.如果异物卡到喉咙造成窒息，马上采取紧急自救法：首先把宝宝倒拎起来，猛拍宝宝后背双肩胛骨处。双手从后面搂住宝宝腰部，一手握拳，拇指顶在上腹部剑突位，另一手用掌用力迅速挤压，重复上述动作。之前遇到过类似事件，家长没在第一时间处理，而是带宝宝来医院，结果耽误了抢救时机。

2.如果宝宝不断咳嗽但是能勉强呼吸，要马上送医院急救。

3.如果吞食了纽扣、电池或其他尖的东西，先别设法让宝宝吐，马上送医院。

4.如果误食了染发剂、香水、香烟等，让宝宝马上吃母乳或配方奶，稀释后吐出。

5.如果宝宝误喝了清洁剂、汽油等强酸强碱性的物质，不要喝东西，也不要想方设法让宝宝吐出来，而应马上送医院。

6.鱼刺卡喉。宝宝如果不小心将鱼刺卡在咽喉，不能让宝宝再继续进食，这容易让鱼刺扎得更深。如果鱼刺比较小，扎入比较浅，可让宝宝做呕吐或咳嗽动作，或用力做几次"哈哈"的发音动作，利用气管冲出来的气流将鱼刺带出，注意不可吞咽口水。如果不成功，可让宝宝吃几块软糖，利用软糖的黏性粘住鱼刺吞下。如果鱼刺粗长或卡的部位更下、更深，应及时去医院就医。

➕ 宝宝烧烫伤的紧急处理

1.马上用流水持续地冲洗伤处20分钟以上，或者冰敷进行局部降温。

2.检查烫伤的程度。如果是轻度烫伤，最好延长冲水、冰敷时间，直到不痛为止。

3.如果隔着衣服烫伤，先不要撕破衣服，马上冷水冲洗，最后用剪刀剪破衣服。

4.如果是脸部或额头烫伤，不好用流水冲洗时，可以轮流用湿毛巾冷敷。

5.如果烫伤处起了水泡，可以涂上药膏，外面敷上湿毛巾，然后送医院处理。

6.如果水泡破裂，冷敷后马上送医院。

7.如果是大面积烫伤，最好别用凉水冲洗，只用湿毛巾冷敷，而且不要涂抹任何药物，马上送医院由医生处理。

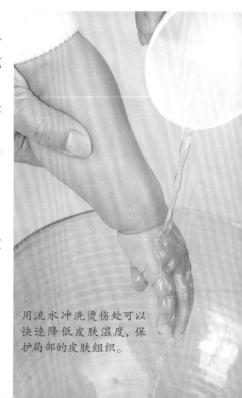

用流水冲洗烫伤处可以快速降低皮肤温度，保护局部的皮肤组织。

➕ 说说宝宝常见病用药

◎发热

发热是身体对抗感染的积极防御机制，它本身不是一种疾病。所以如果宝宝发热不超过38.5℃，就可以用物理降温的方式应对；如果发热超过38.5℃，就要服用退热药了。泰诺林（对乙酰氨基酚）和美林（布洛芬）是推荐的两种退热药，家长可以放心给宝宝选用。此外，小儿退热栓剂也是很安全的退热药，而阿司匹林如今已经不建议用于宝宝退热了。

泰诺林（对乙酰氨基酚）

适用年龄：3个月龄以上。

用法：两次服药要间隔4~6小时，每日不超过4次。给宝宝用的有两种剂型——婴幼儿使用相对浓缩（100毫克/毫升）的滴剂，大一些的宝宝可以使用相对稀释（32毫克/毫升）的配剂。

优点：吸收快速而且完全，口服30分钟内就能产生退热作用。对胃肠道基本没有刺激，对血小板功能以及凝血功能没有影响，没有肾毒性，所以安全性比较高。

缺点：控制退热时间为2~4小时，短于美林的控制退热时间。主要不良反应是肝脏损害。如果宝宝患有肝脏方面的疾病，使用泰诺林之前要先咨询医生。

美林（布洛芬）

适用年龄：6个月龄以上。

用法：服药间隔6~8小时，每日不超过4次。

优点：退热平稳而且持久，控制退热时间为6~8小时。而且它对39℃以上高热的退热效果比泰诺林要好。

缺点：不良反应比泰诺林多一些，有轻度的胃肠道不适，偶有皮疹和耳鸣、头痛、影响凝血功能等，也可能引起胃肠道出血而加重溃疡；在脱水的状态下偶见可逆的肾损伤。如果宝宝有肾脏疾病、哮喘、溃疡或其他慢性疾病，使用美林之前要先咨询医生。

小儿退热栓剂（对乙酰氨基酚栓剂）

小儿退热栓剂是直肠给药，适用于呕吐或者对口服药抗拒的宝宝。每千克体重的用量为10~15毫克，家长可以根据宝宝的体重决定是用半粒、1粒、1.5粒还是2粒，可以4小时使用一次，每日不超过4次。使用时可以在栓剂上涂少许橄榄油作为润滑剂。

宝宝发热如果不超过38.5℃，可以用湿毛巾敷在额头上物理降温。

宝宝年龄	宝宝体重：千克	泰诺林		美林
		滴剂	配剂	配剂
		15毫升：1.5克	100毫升：3.2克	100毫升：2克
1~3岁	10~15	1~1.5毫升	3毫升	4毫升
4~6岁	16~21	1.5~2毫升	5毫升	5毫升
7~9岁	22~27	2~3毫升	8毫升	8毫升
10~12岁	28~32	3~3.5毫升	10毫升	10毫升

宝宝年龄	宝宝体重：千克	美林
		滴剂
		15毫升：0.6克
6~11月	5.5~8	1.25毫升
12~23月	8.1~12	1.875毫升
2~3岁	12.1~15.9	2.5毫升

注：表格数据仅供参考，以医嘱为准。

无论是泰诺林还是美林，理想的用量是根据宝宝的体重来计算，而不是年龄，但这在实际中却不太方便操作。实际上往往会根据宝宝的年龄决定用药量，也就是说明书上标注的用量。如果宝宝与同龄宝宝的体重相差不大，这种按年龄用药的方法也是安全有效的。

吃了退热药再捂汗？千万别这样做

　　一些家长会在给宝宝服用退热药后再捂上被子，认为宝宝服药后再出汗，退热效果更好，其实这种做法是错的。宝宝出汗后肯定会退热，但体内同时也会消耗大量的水分和电解质。对于成年人来说，出汗后可能只是感觉口渴，而宝宝却容易脱水，一旦出现大脑和脏器损伤，后果可比发热严重多了。

　　所以千万不要给宝宝捂汗，而是要尽量让宝宝多喝水，只有充足的水分经皮肤散热，高热才能退去。因为体内缺水时，即使服了退热药也达不到预期的退热效果。

药剂师妈妈有话说

　　如果宝宝发热，最好是选择一种退热药服用，以后也坚持使用这种药。为了确保用药安全，应该避免同时或交替给宝宝使用两种以上的退热药。想这样用一定要先咨询医生，得到允许后也应该在医生的指导下进行。

　　为了保证用药量的准确和用药安全，在给宝宝服用泰诺林期间，也不能同时服用其他含对乙酰氨基酚的药品。同样的，在给宝宝服用美林期间，也不能同时服用其他含布洛芬的药品。

◎感冒

宝宝一有感冒，很多家长不管三七二十一，就带宝宝去医院，吃药和输液反正得有一个才放心。其实是否需要给宝宝用药，要根据感冒症状的轻重，以"不用、少用、局部用药、口服药物"这样的思路去考虑。吃不吃感冒药都不会缩短病程，而且感冒药并不是针对病因进行治疗的，只是用于缓解感冒伴发的发热、流鼻涕、咳嗽等症状。

慎用复方感冒药

我国还没有对复方感冒药进行年龄上的限制，所以目前仍然有大量的复方感冒药应用于各个年龄段的宝宝身上。而在美国，4岁以下的宝宝是不推荐使用复方感冒药的，2岁以下更是禁止使用。这主要是基于以下三点的考虑：

1.感冒药在2岁以下宝宝身上做的研究很少，通常是根据成人的剂量推算出儿童的剂量，所以无法保证用药安全；

2.儿童感冒药多为复方制剂，含抗过敏成分、减轻充血的伪麻黄碱等成分，一旦过量会造成很大危害，特别是年幼的小宝宝；

尽量给宝宝选择单方感冒药，慎用复方感冒药。

3.宝宝的大部分感冒是自限性疾病，病程一般是5~7天，即使服用感冒药也不会缩短病程。感冒药成分复杂，以小儿氨酚黄那敏颗粒为例，在说明书中的"有效成分"这一栏里，就标明它不仅含有退热止痛成分的对乙酰氨基酚，还含有抗过敏的扑尔敏等成分，所以，只要感冒不严重，不必吃药。

那么，普通感冒既然没有特效感冒药，也不推荐使用复方感冒药，那该怎么办呢？家长最好的做法是做好护理，缓解宝宝的感冒症状，应该让宝宝多饮水，多休息，保证正常排尿和排便。不得已时再选择控制症状的药物，而且尽量对症选择单方药品，即只有一种有效成分的药品。

药剂师妈妈有话说

常见的儿童复方感冒药，如优卡丹（小儿氨酚烷胺颗粒）、护彤（小儿氨酚黄那敏颗粒）、金立爽（氨金黄敏颗粒）等，家长要慎重给宝宝使用，务必对症选择正规药厂生产的，而且不能再使用含相同有效成分的其他药品，避免有效成分过量，最好有医生的指导。

比如复方感冒药里通常含有抗过敏的成分扑尔敏，在一些感冒药里用的名称是氯苯那敏，在另一些感冒药里可能用的是氯苯吡胺，氯苯那敏和氯苯吡胺看上去是不同的药，其实却是同一种药，如果不加注意，就容易造成重复用药。

◎抗生素

由于经常有滥用抗生素导致不良反应事件的报道，导致很多家长都不敢给宝宝使用抗生素，这和一生病就用抗生素一样，都是错误的做法。如今大医院的儿科都比较正规，一般的感冒发热也会检查血常规。如果宝宝的感冒是细菌感染，就要使用抗生素；如果医生连血常规都不做就开抗生素，就有滥用抗生素的嫌疑了。

儿科常用的抗生素主要是青霉素类和头孢菌素类，相比于感染对宝宝的损伤，这些抗生素的副作用基本可以忽略不计。此外，大环内酯类中的阿奇霉素也是比较常用的抗生素。

青霉素类

青霉素类是杀菌性抗生素，干扰细菌的细胞壁合成。青霉素在人体组织和体液中的渗透性比较好，由于细菌细胞有细胞壁，而人体细胞没有细胞壁，有效抗菌浓度的青霉素对人体细胞几乎没有影响，所以青霉素类对人体的毒性很低。

儿科常用的青霉素 G（注射剂）、青霉素 V（片剂、颗粒剂）和普鲁卡因青霉素（注射剂）等，都属于一级抗生素。

抗生素的临床应用分级

滥用抗生素会导致细菌耐药性增强，甚至导致最后无抗生素可用。为了避免这种情况，我们国家从2012年开始对医院抗生素的使用进行严格限制，将不同抗生素分三级管理，赋予不同资历的医生开不同级别抗生素的权限。

一级抗生素：非限制使用级，指经过长期临床应用证明安全有效，对细菌耐药性影响较小的抗生素，有处方权的医生都可以开。

二级抗生素：限制使用级，与一级抗生素相比，在疗效、安全性、对细菌的耐药性等方面存在某些局限性。这类抗生素的使用要接受主治医师以上级别的医生指导和监督。

三级抗生素：特殊使用级，包括不良反应明显、不宜随便使用的；常用容易使病菌过快产生抗药性的；疗效、安全性方面的临床资料少，不优于现用药物的；适应证、疗效、安全性还有待检验的新上市的、价格昂贵的。如果需要使用这些抗生素，应由感染专科医师或有关专家会诊同意才行。

药剂师妈妈有话说

在首次使用青霉素前，医生都会给宝宝做青霉素皮试，以判断宝宝是否对青霉素过敏，家长要记好皮试结果，以便以后用药安全。如果宝宝对一种青霉素过敏，可能对其他青霉素类药物、头孢类药物也会过敏。有哮喘、湿疹、荨麻疹等过敏性疾病的宝宝应该慎用青霉素。

头孢菌素类

头孢菌素类如今已经发展到第四代了，一代头孢主要的副作用是肾毒性，到了二代时肾毒性降低，到了三代时肾毒性已经很小了，到了第四代头孢时，已经没有了肾毒性。第一代到第四代的头孢菌素类，具体药物根据各自的特性被分入一级或二级抗生素。

阿奇霉素

阿奇霉素属于大环内酯类抗生素，商品名包括希舒美、泰力特、丽珠奇乐等。阿奇霉素的口服剂型属于一级抗生素，而注射剂型属于二级抗生素。阿奇霉素口服后吸收迅速，广泛分布于人体各组织，在组织内的浓度可以达到同期血药浓度的10~100倍。口服的生物利用度为37%，食物可以减少其生物利用度约50%，所以应该空腹服用。

规格	注射剂：0.5克／支、0.25克／支；混悬剂：0.1克；片剂：0.125克
用法	口服
用量	总剂量30毫克／千克 ①连续3天给药，每日1次，1次10毫克／千克； ②连续5天给药，每日1次，第1天10毫克／千克，第2～5天5毫克／千克； ③急性中耳炎，可30毫克／千克单剂量顿服
不良反应	不良反应比红霉素少很多，其中胃肠道反应为9.6%，偶见肝功能异常、外周血白细胞下降
用药提示	①肝功能不全者慎用，严重肝病患者不应使用。用药期间定期随访肝功能； ②用药期间如果发生过敏反应，应立即停药

药剂师妈妈有话说

使用头孢菌素类抗生素后，血液中的白细胞会减少，有些人因此认为头孢类消炎药会杀死白细胞，其实这完全是误解。使用头孢菌素类抗生素后，绝大多数细菌被消灭，因此血液里的白细胞会降低到正常水平。如果这时候合并病毒感染（在细菌感染的时候，人体的抵抗力会下降，病毒容易乘虚而入），往往会导致白细胞降到正常水平以下，这其实是病毒感染所致，而不是抗生素的副作用。

◎过敏

宝宝过敏一直是很多家长关心的问题，实际上过敏的发生率确实呈逐年上升的趋势，年幼的宝宝更是易发人群，这与生活习惯和环境的变化有很大关系。如果宝宝出现过敏症状，家长首先要带宝宝去医院做过敏原测试，确定过敏原具体是什么，然后有针对性的预防和用药。

第一代抗组胺药的代表药物就是扑尔敏（氯苯那敏），特点是药效迅速可靠，因此也被广泛用在感冒药里。但不好的地方就是服药后会出现嗜睡、头晕、疲劳、注意力不集中等反应，而且维持的时间短。

第二代抗组胺药属于长效药物，每日只能使用一次。虽然抗过敏的效果比第一代稍差些，但嗜睡的副作用更小一些，几乎没有明显的镇静作用，代表药物有开瑞坦（氯雷他定）和仙特明（西替利嗪），这也是现在推荐给宝宝使用的2种抗过敏药。

1.仙特明（西替利嗪）

仙特明主要用于治疗季节性鼻炎、眼结膜炎，长期性过敏性鼻炎、瘙痒引起的荨麻疹。片剂的规格是10毫克。儿童多用滴剂，规格为10毫克/毫升。12岁以上的儿童每日1片，在晚饭前服用，或者每日2次，每次5毫克。6~12岁的宝宝每日服用10毫克；2~6岁的宝宝每日服用5毫克。

仙特明有轻微的镇静作用，与开瑞坦相比有一点嗜睡作用，但不同的宝宝反应会不一样，个别宝宝的嗜睡症状可能更明显。总体来说不良反应轻微且多为暂时性。

2.开瑞坦（氯雷他定）

开瑞坦主要用于过敏性鼻炎、急慢性荨麻疹等。糖浆的规格是60毫克（60毫升），片剂是10毫克。12岁以上的儿童每日10毫克；2~12岁的宝宝则要按体重决定用量：30千克以上的宝宝每日10毫克；低于30千克的宝宝每日则是5毫克。

开瑞坦没有镇静或抗胆碱作用，罕见乏力、头痛、口干、胃肠道不适等反应。

过敏体质

宝宝如果从小就表现出很明显的过敏症状，比如揉眼睛、揉鼻子、打喷嚏、反复咳嗽甚至喘息，就可能是过敏体质，将来发生过敏性鼻炎、哮喘等呼吸道过敏性疾病的概率会明显增高。

过敏体质的宝宝很容易生病，特别是爱感冒咳嗽，很多家长不知道这是过敏体质引起的系列病症，而是当作感冒咳嗽来治疗，结果宝宝的病情总是反复，始终不能痊愈。

◎咳嗽、咳痰

和门诊的同事在一起交流的时候，印象比较深的就是很多家长在宝宝咳嗽时，对选用的止咳药只有一个笼统的概念，并不清楚是以祛痰为主还是以镇咳为主。而我们平时说的止咳药，其实分为祛痰药、镇咳药和平喘药3种，选择哪种不仅关系到疗效的问题，而且关系到是否对症，由于影响宝宝健康安全，因此马虎不得。

从医生的角度说，首先要明确咳嗽的原因，如果是感染引起的，就要治疗感染；如果是过敏引起的，就要进行抗过敏治疗……

普通感冒引起的轻微咳嗽，一般不需要吃止咳药，感冒好了，咳嗽自然也会消失。对于一般的咳嗽痰多，给宝宝所选的药物应该以祛痰为主，而不能粗心使用镇咳药。只有因胸膜、心包膜等受刺激而引起的频繁剧咳、干咳，才能短时间地使用镇咳药，即使是肺炎也要慎用，因为镇咳药对宝宝的神经系统影响很大。

沐舒坦（氨溴索）

宝宝常用的止咳药是以祛痰为主的沐舒坦，用于咳嗽不严重而痰多的情况。沐舒坦是一种酶类药物，它会将痰液里的蛋白质消化掉，使特别黏稠的痰液变得很稀，就很容易排出来。但要避免和镇咳药合用，因为如果宝宝的咳嗽受到抑制，就容易出现痰液排不出的情况。

口服液剂型的沐舒坦，2岁以下的宝宝每次2.5毫升，每日2次；2~6岁的宝宝每次2.5毫升，每日3次；6~12岁的宝宝每次5毫升，每日2~3次；12岁以上的儿童每次10毫升，每日2次，最好在进餐时间服用。

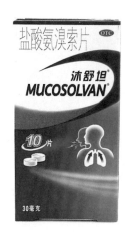

药剂师妈妈有话说

现在市面上有许多止咳糖浆，让家长们选择时左右为难。宝宝咳嗽时虽然能喝止咳糖浆，但服用不当也会带来不良影响，所以给宝宝选择和服用止咳糖浆要慎之又慎。

对症：先请医生查明咳嗽的原因和类型，和选择其他止咳药一样，对于一般的咳嗽痰多，应该选择以祛痰为主的糖浆；如果是剧烈的干咳，可以选择以止咳为主的糖浆。

不过量：止咳糖浆味甜，宝宝容易接受，所以一些家长由着宝宝多喝，这是错误的做法。止咳糖浆往往含有抗过敏成分、中枢性镇咳成分、扩张支气管成分等，过量服用容易导致不良反应，甚至是中毒。因此不建议一咳嗽就喝，更不能多喝。

◎腹泻

宝宝腹泻的主要原因就是细菌性感染和病毒性感染。常见的细菌性感染包括痢疾杆菌、沙门氏菌、致病性大肠杆菌等的感染，拉脓血便就是主要特征，这种感染多发生在炎热的夏天。病毒性感染主要指的是轮状病毒感染，也就是常说的秋季腹泻，多是以高热、呕吐起病，紧接着出现水样便，宝宝容易出现脱水症状。

脱水程度	表现
轻度	失水3%~5%，口唇略干燥，小宝宝的前囟门略凹陷，尿量减少，皮肤弹性和精神状态正常
中度	失水6%~10%，上述症状更明显，宝宝皮肤弹性变差
重度	失水大于10%，上述症状进一步加重，循环障碍，少尿或无尿，四肢冰凉，精神差，活动减少

细菌感染性腹泻，治疗要从病因入手；而对病毒感染性腹泻的治疗，重要的是及时补充流失的水分和电解质，首选是口服补液盐Ⅲ。此外，宝宝腹泻时常用的药物还有思密达（蒙脱石散）和妈咪爱等。

口服补液盐Ⅲ

目前市面上的口服补液盐有Ⅰ、Ⅱ、Ⅲ共3种类型，建议给宝宝首选口服补液盐Ⅲ，它的配方几经修改，渗透压和张力更适合宝宝的身体，最有利于吸收。

每次稀便后，开始时服50毫升/千克，4小时内服用。以后根据宝宝脱水程度调整剂量，直至腹泻停止。婴幼儿应用时应少量多次给予。

思密达（蒙脱石散）

思密达适用于急、慢性腹泻，是通过减少肠黏膜所受刺激来达到止泻效果。在两餐之间给宝宝服用，服用后可以均匀覆盖肠腔表面，并将多种病原体吸附并固定在肠腔表面，6小时后随着肠蠕动排出体外。

用法用量：将1袋散剂（3克）倒入50毫升温水中，摇匀后服用。1岁以下的宝宝每日1袋，分2~3次服用；1~2岁的宝宝每日1~2袋；2岁以上的宝宝每日2~3袋。需要注意的是，给宝宝服用思密达的同时应该注意补水。

妈咪爱（枯草杆菌二联活菌颗粒）

妈咪爱是一种益生菌制剂，适用于宝宝腹泻、痢疾、便秘、消化不良、胃肠炎等。妈咪爱除了含有枯草杆菌、屎肠球菌这两种活菌外，所含的B族维生素、维生素C、烟酰胺、乳酸钙、氧化锌等成分，是根据宝宝每日摄取推荐量的标准添加的，因此可以放心使用。

妈咪爱用40℃的温开水或牛奶冲服，也可以直接服用。2岁以下的宝宝每次1袋（1克），每日1~2次；2岁以上的宝宝每次1~2袋，每日1~2次。

◎便秘

便秘多是在饮食、排便习惯、精神三方面因素的影响下形成的，所以如果宝宝便秘了，家长也应从以上三方面寻找原因，然后做针对性的改善，大多可以使宝宝的便秘缓解。如果便秘症状依然没有缓解，可以考虑在医生的指导下给宝宝使用药物，目前最常用的是开塞露、益生菌制剂和乳果糖。

开塞露

说起开塞露，很多家长应该都不陌生，其实就是一种直肠润滑剂，主要成分是甘油。它的作用原理是借助甘油的高渗作用，刺激肠壁引起排便反射来协助排便。用法也很简单，把容器顶端刺破或剪开，涂少量橄榄油，缓慢插入宝宝肛门深约2厘米，然后将药液挤入直肠内就可以了。

益生菌制剂

益生菌制剂可以调节肠道菌群，不仅可以保护肠道黏膜，还可排除肠道内的有害菌，促进营养物的消化和吸收。所以无论是腹泻还是便秘，都可以通过服用益生菌制剂来改善，宝宝常用的有妈咪爱、双歧杆菌制剂、乳酸杆菌制剂等。服用益生菌制剂的同时，适当搭配摄入益生元(如低聚糖)，可以使益生菌的活性增强。

乳果糖

乳果糖是人工合成的非吸收性双糖，口服后在肠道内不会被身体吸收，也不会对肠壁产生刺激作用。但乳果糖具有双糖的高渗透性，可以使水、电解质保留在肠道内，产生高渗效果，使粪便软化后便于排出。

1岁以内宝宝的起始服用剂量是每次5毫升；1~6岁宝宝的起始剂量是每次5~10毫升；7~14岁儿童的起始剂量是每次15毫升，早餐时一次服用，不同宝宝可以根据个体差异适当调节用量。

服用乳果糖偶尔会有胀气、腹痛等不适，剂量大时个别宝宝可能会有恶心、呕吐等症状，而长期大量使用也会导致腹泻，但这些反应在减量或停药后会很快消失。

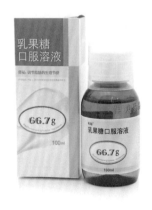

开塞露虽然方便有效，偶尔用一两次没有问题，但不能经常使用，否则会形成依赖，导致宝宝习惯性便秘。家长要明白一点，开塞露只是缓解便秘，并不能治疗便秘，家长应该找出宝宝便秘的原因，对症治疗才是解决之道。

◎湿疹

目前还没有药物可以根治湿疹，但科学的护理和必要的药物治疗可以有效控制湿疹，减轻湿疹对宝宝生活和成长发育的影响。

激素类药膏不会影响内分泌

国内外的临床经验都表明，对于轻度湿疹，可以用低敏的婴儿保湿润肤霜来护理，但对于中、重度湿疹，外用激素类药膏是首选。但很多家长一听到激素就抗拒，会将激素与"性早熟""内分泌失调"等联系起来，宁愿宝宝寝食难安也不愿意使用，这其实是不对的。

其实作为外用药的激素类药膏并不存在家长们联想到的副作用，通常只有长期、大量口服激素或注射激素，才会对内分泌产生影响。外用激素类药膏的不良反应仅限于皮肤，最"严重"的也只是激素依赖性皮炎，而且这也是在长期、大剂量滥用强效激素类药膏的情况下才会出现，所以家长不用担心使用激素类药膏会给宝宝带来伤害。

治疗宝宝湿疹，通常使用弱效的1%氢化可的松或尤卓尔（0.1%丁酸氢化可的松）就可以。

红臀和鞣酸软膏

鞣酸软膏是护理小宝宝红臀的常用药膏，有收敛作用，能沉淀蛋白质，使皮肤变硬，从而保护皮肤，也能减少局部瘙痒、疼痛，而且还有防止细菌感染的作用。

使用时要注意，每次只能用很少一点点，在宝宝屁股上轻轻涂抹一层，然后轻轻拍打即可。涂抹过多过厚，容易导致毛孔堵塞，反而会加重红臀。而且鞣酸软膏不能大面积或长期使用，否则会因创面吸收而发生中毒，并加深创面，延缓愈合。

鞣酸软膏 Rou suan ruan gao 20g
消除红肿，让肌肤修护和再生 外

药剂师妈妈有话说

1.尽可能选用弱效的药膏。控制中、重度湿疹时可以选用稍微强效的，一旦症状得到控制，就要换成弱效的药膏。

2.激素类药膏一般每日只需要涂抹1~2次。如果症状较轻，每日1次就可以。

3.涂抹面积尽量不要超过体表面积的1/3，否则会增加产生副作用的风险。

4.在家自行护理湿疹时，一般以5~7天为宜。如果湿疹症状还没有改善，就要再次请医生评估病情和调整用药。

新生儿期

（0~28 天）

出生第**1**周

✚ 初乳是"第1剂疫苗"

经历了漫长的孕期后，宝宝终于"呱呱坠地"了，爸爸妈妈小心翼翼地把宝宝抱在怀中，他(她)的一举一动都牵动着爸爸妈妈的心。刚刚诞下的小生命，在听觉、触觉、视觉等方面都有一些特别之处，爸爸妈妈不用大惊小怪，了解了这些，做好成长监测就可以了。

爸爸妈妈小任务

☐ 尽早开奶

☐ 接种卡介苗、乙肝疫苗

☐ 坚持母乳喂养

☐ 记录宝宝作息吃奶时间

☐ 监控宝宝体温

☐ 抚触

☐ 脐部护理

☐ 生殖器护理

☐ 黄疸护理

宝宝在出生后1分钟内和5分钟内会接受两次"阿普加"评分，内容包括心率、呼吸、肤色、肌肉和反应，总分超过8分表示健康状态良好。

◎ 身长、体重标准

刚出生的宝宝，身长标准范围为：男宝宝48.2~52.8厘米，平均值为50.5厘米，女宝宝47.7~52.0厘米，平均值为50厘米。根据体重，可以把刚出生的宝宝分为：正常体重儿(2.5千克≤体重<4千克)、低体重儿(体重<2.5千克)、巨大儿(体重≥4千克)。

◎ 能力发展标准

听觉：宝宝醒着时，在近旁10~15厘米处发出响声，宝宝四肢躯体活动突然停止，好像是在注意聆听声音。宝宝喜欢听妈妈的声音，不喜欢听过响的声音和噪音。

触觉：抱起刚出生的宝宝时，他(她)就喜欢紧贴着你温暖的身体，依偎着你。嘴唇和手是宝宝触觉最灵敏的部位。

视觉：宝宝刚出生时的视焦距调节能力差，所以只能看清20厘米以内的事物。爸爸妈妈可以在距离宝宝眼睛20厘米处放一个红色圆形玩具，吸引宝宝的注意力，然后上、下、左、右摆动玩具，宝宝会慢慢移动头和眼睛追视玩具。

◎ 体格发育标准

项目	体重(千克)	身长(厘米)	头围(厘米)	胸围(厘米)
出生时	男：2.5~4.0 女：2.4~3.8	男：48.2~52.8 女：47.7~52.0	33.0~34.0	约32.0
测量自家宝宝				

药剂师妈妈说喂养

一般情况下，若分娩时妈妈、宝宝一切正常，产后半小时就可以开始哺乳。一开始妈妈的乳房会分泌一些淡黄色稀薄的液体，千万不要以为这是没用的东西，其实这是极其珍贵的初乳。常言"初乳滴滴赛珍珠"，以此形容初乳的珍贵。

初乳是宝宝的"第1剂疫苗"

初乳除了含有母乳一般的营养成分外，更含有抵抗多种疾病的抗体、免疫球蛋白、噬菌酶、吞噬细胞、微量元素等，而且含量相当高。这些免疫因子对提高宝宝抵抗力，有着非常重要的作用。

初乳中还含有保护肠道黏膜的抗体，防止肠道疾病。初乳中含有比成熟乳高得多的免疫因子，可以覆盖在宝宝未成熟的肠道表面，阻碍细菌、病毒附着，保证宝宝免受病原菌的侵袭。

初乳还有刺激肠蠕动的作用，可加速胎便排出，并减轻宝宝生理性黄疸症状。

宝宝早吮吸是母乳喂养成功的第1步

宝宝出生后，应该尽早进行哺乳，一般出生后半小时就可以开奶了。这样可以促进乳汁分泌。乳汁分泌是由神经和激素来调节控制的，宝宝不断吸吮产生的机械刺激，会源源不断地传入妈妈的大脑，让妈妈尽快分泌乳汁。

母乳喂养不仅为宝宝提供充足的营养素，也增加了母子亲密接触的机会，有助于宝宝身心发育。首次哺乳的量很小，大概只有3毫升，即便是第三天也不足20毫升。这些无法用手挤出来的初乳，刚出生的宝宝却能用"吃奶的劲儿"吸出来。

前奶和后奶都要喂

有些妈妈觉得前奶很稀，想动手挤掉后再让宝宝吸，这是错误的。每次喂奶过程中，乳汁的成分会随之变化，一般将乳汁分为前奶和后奶。两部分所含营养成分的侧重点虽然有所不同，但是都是宝宝所需的，无论放弃哪部分都会造成浪费。

	宝宝何时能吸到	外观	主要营养素	功效
前奶	最先被宝宝吮吸出来的乳汁称为前奶	比较稀薄	水、维生素、矿物质、乳糖、蛋白质	补充水分和多种营养素，纯母乳喂养的宝宝6个月内一般不需要喝水
后奶	前奶吃完后，后奶就来了	色白且比较浓稠	蛋白质、脂肪、乳糖	提供热量，使宝宝有饱腹感

产后第 1 天没奶水很正常

很多妈妈产后第1天没有奶水，内心会很焦虑。其实产后第1天没奶水是很正常的。产后多久下奶因人而异，平均来看，如果是第一次做妈妈，产后3~4天奶水就会逐渐增多。如果不是第一次生孩子，妈妈下奶可能会更早一点儿，一般在产后2~3天内下奶。不管产后下奶的时间是早还是晚，给宝宝喂奶越频繁，下奶就越快。

其实，妈妈在孕期就会产生少量的初乳。宝宝出生后，妈妈体内的泌乳素、催产素急剧升高，乳房开始分泌乳汁。产后宝宝不断吮吸，催乳素水平达到一定程度，泌乳量就会增加，乳汁才会满满地溢出来。宝宝吮吸得越多，刺激乳房产生泌乳素也会越多，妈妈的奶水来得就越快。

不必每次喂奶前都清洗乳头

妈妈乳头上的细菌，能帮助宝宝建立起正常的肠道菌群，从而促进消化吸收，增强肠道免疫力。妈妈在喂奶前用温水毛巾擦一下乳房就行。不能用肥皂去清洗，这样容易使乳头干燥，甚至皲裂。

按需哺乳, 及时满足宝宝需求

如果宝宝饿了想吃奶，就马上让他（她）吃。过一段时间之后，就会自然而然形成比较固定的吃奶规律。按需哺乳不仅可以让宝宝获得充足的乳汁，同时还能有效地刺激泌乳。而且宝宝的需要如果能得到及时满足，会激发宝宝身体和心理上的快感，这就是宝宝最大的快乐。

吃空一侧乳房再换另一侧

妈妈喂过几次奶后就会惊奇地发现：当一侧的乳房被宝宝吸空以后，就能在下次哺乳时产生更多的乳汁；如果一次只吃掉乳房内一半的乳汁，那么下次乳房就会只分泌一半的乳汁。

妈妈奶水不多时，想要分泌充足的母乳，最好让宝宝先吸空一侧乳房，再吃另一侧乳房。下次哺喂时，让宝宝先吸上一次未吃空那侧的乳房，这样就可以保证两侧的乳房被轮流吸空，可保证充分泌乳。

当然了，如果妈妈的奶水充足，宝宝吃完一边就饱了，且妈妈涨奶厉害，这时候可以将另一边的奶水挤出来，这和让宝宝吸空的道理是一样的。

宝宝的胃容量

宝宝出生后前3天的胃容量很小，因此每次只需喂母乳3~5毫升。3天后宝宝的胃容量明显增加，吃奶量也随之增大。

第1天：胃容量5~7毫升，相当于1个弹珠大小。

第2天：胃容量10~13毫升，约2勺奶的容量。

第3天：胃容量22~27毫升，相当于4个弹珠大小。

第4天：胃容量36~46毫升，相当于乒乓球大小。

第5天：胃容量相当于鸡蛋大小。

一吃就拉不是宝宝"直肠子"

部分母乳喂养的宝宝还会出现一吃就拉的现象，排除宝宝腹部受凉的原因，这还可能是由于母乳中含有刺激肠蠕动的物质导致的。一吃就拉是一种生理现象，不会影响宝宝的正常发育。但是有时候宝宝大便过稀或次数过多，就可能是和妈妈的饮食有关系了。比如妈妈吃了较多的辛辣食物、凉拌菜、凉性水果等，就会影响乳汁，所以妈妈在哺乳期也要忌口。

母乳喂养的宝宝不需要喝水

未满6个月的宝宝，由于尚未添加辅食，营养来源几乎完全靠吃奶，而母乳中含有充足的水分，足以满足宝宝的需求，因此，不用给母乳喂养的宝宝另外喂水。

服药 4 小时后再喂奶

妈妈不得不服用药物时，为了减少对宝宝的影响，可以在喂奶后马上服药，并尽可能推迟下次喂奶的时间，最好是间隔4小时以上，以便更多的药物在体内完成代谢，使母乳中的药物浓度达到最低。

麻药不会影响乳汁

很多剖宫产妈妈因为手术中使用麻药的关系，所以一直纠结到底该不该哺喂宝宝。在这里可以告诉剖宫产妈妈：不用担心麻药会影响乳汁，只要身体允许，那就放心地让宝宝吮吸乳汁吧。因为目前剖宫产一般采用硬膜外麻醉，也就是腹腔麻醉，这只是局部麻醉，药性一般不会影响到胸部，而且麻醉药剂的剂量也没有达到对乳汁造成影响的程度，所以剖宫产后半小时让宝宝吸吮乳汁是安全的。

术后输液也可以喂奶

除担心麻药外，很多剖宫产的妈妈还担心产后的输液会影响乳汁。这种担心也是多余的，因为产后输液大多是为了预防感染、消炎或者让子宫收缩，而且医院基本都会选择对乳汁没有影响的药品，并不会影响乳汁的分泌和成分。但如果妈妈患有其他疾病，就要根据具体用药来决定是否母乳喂养了，这需要医生来判断。

药剂师妈妈育儿经

不宜母乳喂养的情况

1. 患病毒性肝炎、伤寒、痢疾和活动性肺结核等传染病。
2. 患严重的心脏病、肾脏病、糖尿病和慢性消耗性疾病，如恶性肿瘤等。
3. 发热、病毒性感冒等疾病时，应该暂停喂奶，待痊愈后再恢复喂奶。
4. 服用对宝宝有影响的药物时。
5. 患有精神病的妈妈。

疫苗接种

宝宝从出生开始，就要陆陆续续接种疫苗了。计划内疫苗是国家规定的必须接种的疫苗，也是免费的，包括乙肝疫苗、卡介苗、脊髓灰质炎疫苗、百白破疫苗、麻疹疫苗、甲肝疫苗、A群流脑疫苗和乙脑疫苗等。

计划内接种疫苗一览表

宝宝年龄(月龄)	需要接种的疫苗	疫苗的功效
出生24小时内	卡介苗(初种) 乙肝疫苗(第1剂)	预防结核 预防乙型肝炎
1个月大	乙肝疫苗(第2剂)	预防乙型肝炎
2个月大	脊髓灰质炎疫苗(第1剂)	预防小儿麻痹
3个月大	脊髓灰质炎疫苗(第2剂) 百白破疫苗(第1剂)	预防小儿麻痹 预防百日咳、白喉、破伤风
4个月大	脊髓灰质炎疫苗(第3剂) 百白破疫苗(第2剂)	预防小儿麻痹 预防百日咳、白喉、破伤风
6个月大	乙肝疫苗(第3剂) 百白破疫苗(第3剂)(江苏为5个月种) A群流脑疫苗(第1剂)	预防乙型肝炎 预防百日咳、白喉、破伤风 预防流行性脑脊髓膜炎
8个月大	麻风二联疫苗(第1剂) 乙脑疫苗	预防麻疹和风疹 预防流行性乙型脑炎
9个月大	A群流脑疫苗(第2剂)	预防流行性脑脊髓膜炎
1岁半到2岁	麻风腮疫苗 百白破疫苗(强化) 乙脑疫苗(强化) 甲肝疫苗	预防麻疹、风疹、腮腺炎 预防百日咳、白喉、破伤风 预防流行性乙型脑炎 预防甲型肝炎
2~2.5岁	甲肝疫苗	预防甲型肝炎
3岁	A群流脑疫苗(第3剂)，或A+C群流脑疫苗	预防流行性脑脊髓膜炎
4岁	脊髓灰质炎疫苗(强化)	预防小儿麻痹
6岁	白破二联疫苗(强化) A群流脑疫苗(第4剂)，或A+C群流脑疫苗	预防白喉、破伤风 预防流行性脑脊髓膜炎

出生后接种：卡介苗、乙肝疫苗

◎宝宝的第 1 剂疫苗——卡介苗

正常的宝宝在出生 24 小时内就要接种卡介苗，用以预防结核病。因为刚出生的宝宝抵抗力最弱，如果受到了结核菌的感染，就容易发生急性结核病（如结核性脑膜炎），危及生命。

卡介苗通常是接种在宝宝左上臂外侧，也可根据局部皮肤状况或其他因素，选择在身体其他部位接种，比如大腿根部。

由于卡介苗是一种慢反应疫苗，一般在接种 1 个月后，在注射部位才会逐步出现"红肿—化脓—破溃—结痂—留疤"这一反应过程，这个过程会持续到宝宝 4 个月大。需要特别提醒爸爸妈妈的是，如果宝宝出现红肿、化脓现象，千万不要用碘酒、酒精等来消毒，因为这是正常的接种反应，消毒会减弱接种效果。

但也有部分宝宝在接种后一直没有这些表现，可能是反应时间未到，需要耐心等待。爸爸妈妈可以在宝宝接种 3~4 个月后做结核菌素测试（PPD 试验），检查上次接种是否成功。

◎第 1 剂乙肝疫苗

接种乙肝疫苗是预防乙肝病毒感染的最有效的方法，要按时接种 3 次。宝宝出生时接种第 1 剂，第 2 剂在出生后 1~2 月内接种，第 3 剂一般在宝宝 6 个月时接种，最迟不超过 1 岁。如果是早产儿，需要医生评估决定是否推迟接种。

注射乙肝病毒免疫球蛋白的情况

1. 如果妈妈乙肝表面抗原（HBsAg）检查是阳性的，宝宝出生后 12 小时内要接种乙肝疫苗和注射乙肝病毒免疫球蛋白（100 单位）。

2. 如果妈妈乙肝表面抗原（HBsAg）状态不清，宝宝在出生后 12 小时内要接种乙肝疫苗。等妈妈乙肝表面抗原（HBsAg）检查确定后，1 周内考虑是否要注射乙肝病毒免疫球蛋白。

不宜接种的情况

1. 宝宝正在发热或腹泻。

2. 有急性传染病（包括恢复期），或有慢性病正在发作。

3. 重度营养不良、严重佝偻病、先天性免疫缺陷。

4. 脑或神经系统发育不正常，患有脑炎后遗症、癫痫病。

5. 患有心脏病、肝炎、肾炎、活动性结核病。

6. 免疫缺陷症，接受免疫抑制剂治疗。

7. 有严重过敏史。

8. 腋下或颈部淋巴结肿大。

9. 患局部皮肤感染、严重皮炎、牛皮癣等疾病。

疾病与用药经验谈

很多新手爸妈由于缺少护理宝宝的知识和经验，一遇到情况就大惊小怪。时常会有家长急急忙忙地抱着刚出生没几天的宝宝来医院，一检查才知道是生理性黄疸，在听了我们医生的解释后，才放下心来。

生理性黄疸不必大惊小怪

◎ 大部分宝宝都会出现生理性黄疸

大部分宝宝在出生后的2~3天里，会在面部和躯干部甚至眼白处出现发黄的现象，只是有的比较明显，而有的用肉眼看不出，医学上称之为生理性黄疸，这是因血清胆红素升高而引起皮肤及巩膜的黄疸。宝宝胆红素代谢的特点，简单说就是胆红素形成相对较多，而刚出生的宝宝对胆红素的代谢、排泄功能又较低，所以就会出现生理性黄疸。

◎ 4招区别生理性黄疸和病理性黄疸

	生理性黄疸	病理性黄疸
出现时间	出生后2~3天出现	一般在出生后24小时内出现
轻重程度	主要分布在面部及颈部，呈浅黄色，巩膜微黄	呈全黄色，遍及四肢皮肤，甚至手心、足底也比较明显
消退时间	足月宝宝一般在第2周内消退，早产儿一般在第3周内消退	2~3周后仍持续不退甚至加深，或减轻后又加深
宝宝精神状态	精神好，吃奶香，吮吸有力，哭声响亮	精神差，吃奶不积极，吮吸时口松，哭声无力

◎ 生理性黄疸一般不需要治疗

生理性黄疸一般是不需要治疗的，通常会自行消退。此外，还可以通过以下方式使黄疸尽快退去：

可以少量给宝宝喂点水，有助于减轻黄疸的症状，因为肠蠕动可减少肠腔中的胆红素吸收。母乳喂养的宝宝虽然原则上不需要喝水，但在黄疸期可以少量喂一点。

尽早哺乳可以使胎便较早排出，而且有助于建立肠道的正常菌群，从而减少胆红素自肠道吸收，能在一定程度上减轻黄疸症状。

在天气适宜的情况下在室内晒太阳有助于黄疸消退。打开窗晒太阳时，要避开风头，先晒宝宝的小脚和腿，再晒腹部、胸和体侧，但要注意不能让阳光照射宝宝的眼睛。

无法判断时要及时就医

　　虽然说生理性黄疸不需要治疗，但是一些家长如果不能判断宝宝的黄疸到底是生理性的还是病理性的，就要及时到医院，请医生检查判断，然后再决定是否需要治疗。否则一旦是病理性黄疸，就会耽误了治疗时机。

预防宝宝"红屁股"

　　如果宝宝的小屁屁长时间在潮湿、闷热的环境中，再加上紧裹的尿布或纸尿裤不透气，使得细菌、真菌滋生，就容易出现红屁股。红屁股不只是出现在宝宝的小屁屁上，往往还出现在会阴、阴囊和大腿内侧等尿布覆盖的部位。

　　粪便及尿液中的刺激物质以及一些含有刺激成分的清洁液也会使小屁股发红。在门诊中的部分红屁股案例，就是由于妈妈在宝宝大便后，只将小屁屁上的大便擦去，而没有清洗干净引起的。

　　如果宝宝出现红屁股，妈妈除了给宝宝勤换尿布外，还要在每次大便后，及时用温水洗净小屁屁并擦干，等到小屁屁干燥后，涂上护臀膏。这样1~2天后，红屁股就会有所改善。如果红屁股比较严重，就不要给宝宝裹尿布或穿纸尿裤了，而是要及时就医。

小屁屁的护理"男女有别"

◎男宝宝

　　宝宝小便时，可将纸尿裤的前半片停留在阴茎处几秒钟，兜住尿液，以免弄脏床垫；大便时，要翻开纸尿裤，用相对洁净的纸尿裤内面擦去肛门周围残余的粪便。大小便擦干净后，再用专门的湿纸巾或洁净的温湿毛巾，先擦洗小肚皮，直到脐部，再清洁大腿根部的皮肤褶皱处，由里往外顺着擦拭。再用干净的湿巾清洁宝宝的睾丸处，包括阴茎下面。洗完前部，再清洁肛门及屁股后部，并在肛门周围、臀部涂抹一些护臀膏。

◎女宝宝

　　女宝宝的臀部护理与男宝宝稍有不同，主要是在外阴部。女宝宝每次大小便后，都要仔细擦拭清洁外阴。特别是大便，注意要从前往后擦洗，防止粪便残渣或病菌进入阴道和尿道。

睡眠

在第1周，妈妈可能会很好奇：除了饿了、尿了，为什么宝宝大多数的时间都是在平静地睡觉。其实，刚出生的宝宝每天睡18~20个小时是很正常的，随着月龄的增长和身体的发育，睡觉的时间会逐渐缩短。

宝宝第1周睡得最好

刚出生的宝宝还没有建立起规律的生物钟，因此不需要根据时间来安排宝宝的活动。在他（她）饿了的时候就给他（她）喂奶，尿湿的时候就换尿布，该睡觉的时候就让他（她）睡觉。这些都会有明显的信号，妈妈只要在身边照顾就可以，不需要干扰宝宝的这种模式。不要因为有亲友的探访或是大人的逗弄而打断他（她）的睡眠。一般来说，在出生后的几天里，宝宝的睡眠都是很平稳的。我们常用"睡得像个婴儿"来形容一个人睡得好，就是这个道理。

每次最多睡2~3小时

虽然现在的宝宝很爱睡觉，但是每次睡眠时间都很短，最多2~3个小时。如果在睡着的时候饿了或者是尿湿了，大部分宝宝就会醒来。当然有的宝宝即使尿湿了，也睡得很香。这时候妈妈只需要轻轻更换尿布就可以了，不需要叫醒宝宝，不然，他（她）可能会以啼哭来"抗议"被打扰。由于要顾及到宝宝的睡觉、吃奶、换尿布等，妈妈的睡眠或多或少都会受到影响，所以建议妈妈也最好与宝宝同步入睡，这样才有精力和体力照顾宝宝。

快入睡或快醒来时身体有信号

宝宝在即将入睡或者马上要醒来的时候，身体会突然抽搐一下或者剧烈地扭动。所以如果出现这种信号，妈妈就要做好准备了。

随着宝宝的成长，他（她）会变得更警觉、更清醒、更兴奋，在睡着后可能也会有发抖、颤动、抽搐等小动作，这些都是神经系统发育不完善导致的正常现象，妈妈不必担心。

Tips

还没有生物钟

大多数宝宝现在还没建立生物钟，因此可以通过记睡眠日记来找规律。

睡 18~20 小时

宝宝的睡眠并不符合任何一种昼夜模式，妈妈要抓紧时间休息。

手机调振动

把手机调成振动模式，因为宝宝很反感被手机铃声吵醒，往往会哭闹。

这些现象说明宝宝困了

刚出生的宝宝，常常会在吃奶的时候，吃着吃着就睡着了。随着宝宝一天天长大，困了的信号会越加明显：比如揉眼睛、揉鼻子，或者是直哼哼。也有宝宝因为被大人逗玩，用哭声表达"我困了"。

为宝宝记录睡眠日记

为了更了解宝宝，更好地照顾宝宝，我常常会建议妈妈为宝宝记睡眠日记。睡眠日记不仅仅只是记录睡眠，还包括哺乳、排便、排尿、活动、洗澡等内容，记下具体的时间，你就会逐渐发现宝宝的所有生活规律，这对照顾宝宝很有帮助。

别让宝宝过分依赖"摇睡"

每当宝宝哭闹时，一些年轻妈妈就使出"看家本领"：将宝宝抱在怀中或放入摇篮里摇晃个不停，宝宝哭得越凶，妈妈就摇得越起劲儿。殊不知这种做法对宝宝十分有害。摇晃动作使宝宝的大脑在颅骨腔内不断晃荡，未发育成熟的大脑与较硬的颅骨相撞，会对宝宝的脑血管和视网膜造成伤害。特别是对于10个月以内的宝宝来说尤为危险。妈妈要细心找出使宝宝哭闹不止的原因，及时解决，用和缓轻柔的动作帮助宝宝入睡。

过于安静的睡眠环境不利于宝宝健康

不要因为宝宝一睡觉就让全家人不能发出任何声响，只要保持正常的生活声音就可以了。如果让宝宝从小就在过于安静的环境中睡眠，那么以后只要一点响动都可能使他（她）惊醒，影响睡眠质量，也不利于健康。所以没有必要让睡眠环境过于安静，可以说话，但最好语气柔和一些，声音也不要太大；也可以小音量地播放一些轻柔优美的音乐。这样可以锻炼宝宝在周围有轻微声音时照样睡得安稳，增加宝宝适应环境的能力。

晚上睡觉时不宜开灯

让宝宝长期在灯光下睡觉，会使宝宝每次的睡眠时间缩短，睡眠变浅，很容易惊醒，这样的睡眠质量对宝宝的骨骼生长非常不利。另外，长期在灯光下睡眠，还会影响宝宝的眼部网状激活系统，对宝宝的视力发育不利。因为持续不断的光线让眼球和睫状肌不能得到充分的休息，从而极易造成视网膜的损害，影响宝宝视力的正常发育。

 护理

为人父母，除了喂奶、换尿布，遇到宝宝哭闹，也会感到紧张。请有经验的长辈一看，也许只是宝宝衣服穿多了，或者是眼睛有了眼屎等。像这些小问题，完全可以学会自己护理，不用每次都紧张兮兮的。

如何给宝宝测体温

在宝宝出生后的第1周内，要随时监控体温。测量体温一般是三个部位，即腋下、口腔和肛门，其中腋下最方便、最常用。如果宝宝腋下有汗，最好用毛巾将汗液擦干后再测量。不要在宝宝吃完奶或哭闹后测量。

现在一般都推荐用电子体温计，因为与水银体温计相比，电子体温计的测量更精确，能直观地显示宝宝体温的微小变化，而且用于口腔测量更安全。

不宜喂完奶后测量体温，也不宜在宝宝哭闹后测量，因为这些因素会导致宝宝体温上升，从而影响测量的准确性。

怎样给宝宝洗脸

新生的宝宝每天也需要洗脸，以保持干净清洁。在洗脸前，新手爸妈要将自己的手先洗干净。准备好宝宝专用的毛巾和脸盆，在盆中倒入适量温开水，然后把毛巾浸湿再拧干，摊开卷在食指和中指手指上，轻轻给宝宝擦洗。

先从眼睛开始，从眼角内侧向外侧轻轻擦洗，眼分泌物较多时要擦干净；接着擦鼻子，同时清理鼻子中的分泌物；再擦洗口周、面颊、前额、耳朵，注意擦洗耳朵时不要将水弄进耳道中。最后清洗毛巾后再擦洗颈部，尤其是颌下的颈部。

囟门的护理

宝宝有很多特别娇弱的部位，囟门就是非常娇弱的地方。虽然前后囟门上面都覆盖着一层紧密的保护膜，不至于轻轻碰一下就会受伤，但也要小心护理。

宝宝的囟门是需要定期清洗的，否则容易堆积污垢，引起宝宝头皮感染，清洁时一定要注意：用宝宝专用洗发液，但不能用香皂，以免刺激头皮诱发湿疹或加重湿疹；清洗时手指应平置在囟门处轻轻地揉洗，不应强力按压或强力挠抓。

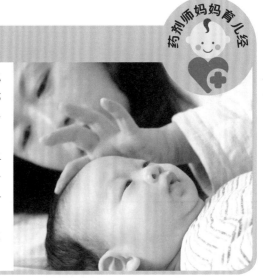

🔖 脐带的护理

宝宝脐带脱落的时间，会依自身情况而有所不同，一般会在出生后的1~2周内自行脱落。因脐带残端是和血管相通的，如果护理不好，病菌可能侵入，轻者引起脐周发炎，重者可能会引发败血症，从而危及宝宝的身体健康。

1.用婴儿专用棉签蘸75%的医用酒精，从内向外涂擦脐带根部和周围，每天涂擦2~3次，待脐带保持干爽后，用纱布盖好。

2.在擦拭之前一定要先洗手，避免病菌入侵脐带残端，同时也要避免脐部接触各种爽身粉和各种粉剂，以免使脐部发炎。

3.不要把脐带残端包在尿布或纸尿裤里，防止大小便污染脐带。如果脐部被尿湿，必须立即清洗消毒。脐带在1周后自动脱落，就不再需要纱布覆盖了，但仍要保持局部干燥和清洁。

4.千万不要试图自己去除脐带。

5.要经常观察是否有感染的迹象，如果脐带流血、有异味或分泌物、周围红肿、化脓，或者脐带超过1个月仍未脱落或伤口未愈合，就需要及时就医。

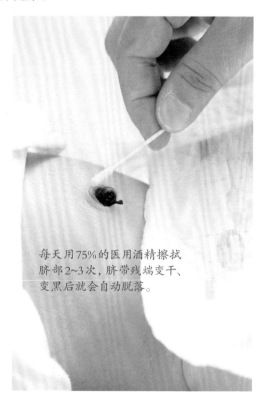

每天用75%的医用酒精擦拭脐部2~3次，脐带残端变干、变黑后就会自动脱落。

🔖 皮肤的护理

宝宝粉嫩、细滑的皮肤非常惹人怜爱，妈妈在怜爱之余也要注意对宝宝皮肤的护理。因为宝宝皮肤的角质层薄，皮下毛细血管丰富，要注意避免磕碰和擦伤。此外，宝宝皮肤皱褶较多，积汗潮湿，夏季或肥胖儿容易发生皮肤糜烂。给宝宝洗澡时，要注意皱褶处的清洗，动作轻柔，不要用毛巾来回擦洗。

由于宝宝皮肤尚未发育成熟，所以显得特别娇嫩敏感，易受刺激及感染，在护理宝宝皮肤的时候，应选用符合国家标准规定的婴儿专用产品，既能全面保护宝宝皮肤，又不含刺激成分。

给宝宝洗澡后，在皮肤皱褶处及臀部擦少许婴儿专用爽身粉，不要擦得过多，以免爽身粉因受潮而形成结块，阻塞汗腺。宝宝颈部不宜直接擦爽身粉，应擦在大人手上再给宝宝涂抹，以免宝宝吸入。

耳朵的护理

记住，不要尝试给小宝宝掏耳垢，容易伤到宝宝的耳膜，而且耳垢可以保护宝宝耳道免受细菌的侵害。洗澡时注意不要让水进到宝宝的耳朵里。如果要清洁耳朵，你可以这样做：

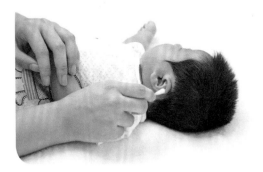

❶ 用婴儿专用棉签蘸些温水擦拭外耳道及外耳。

❷ 棉布浸湿，轻擦宝宝外耳的褶皱和隐蔽的部分。

❸ 最后清洁耳背，可涂少许食用植物油或橄榄油。

眼睛的护理

小宝宝的眼睛很脆弱也很稚嫩，在对宝宝的眼睛进行护理时一定要谨慎。

1.如果宝宝刚睡醒，发现他(她)有眼屎，这时候不要直接用手去擦掉，可以用细纱布蘸温水轻轻地擦拭。

2.如果眼睑上有硬皮，或者眼睛的分泌物总是擦不干净，则要怀疑是不是结膜炎，这时需要就医，由医生做出诊断。

3.在给宝宝滴眼药水的时候，要滴在宝宝内侧的眼角处。

4.记得每次给宝宝清洁完眼睛后，要及时洗手，以防病菌感染宝宝其他部位。

5.要给宝宝用单独的毛巾、洗脸盆等，并且与家里其他人的毛巾、洗脸盆等隔离开，还要定时清洗。

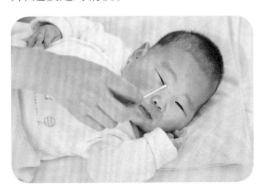

用婴儿专用棉签或浸湿的棉布从眼角向眼尾擦拭。擦另一只眼睛时，要换一支新棉签或将棉布清洗后再擦。

📋 鼻子的护理

如果鼻痂或鼻涕堵塞了宝宝的鼻孔，影响呼吸，可用婴儿专用棉签或小毛巾角蘸水后湿润鼻腔内干痂，再轻轻按压鼻根部。也可用棉签轻轻顺着鼻孔点一下，宝宝一打喷嚏，鼻痂或鼻涕即可滑出。

一般情况下，大部分的鼻涕会自行消失。不过，如果鼻子被过多的鼻涕堵塞，宝宝会觉得很难受，这时可以用球形的吸鼻器把鼻涕清理干净。

❶ 让宝宝仰卧，往他的鼻腔里滴1滴盐水溶液。

❷ 捏住吸鼻器，插入一个鼻孔，用食指按堵另一个鼻孔，把鼻涕吸出来。

❸ 然后再吸另一个鼻孔。动作一定要轻柔，以免伤害宝宝脆弱的鼻腔。

另外，需特别注意，不要给宝宝滥用滴鼻药。平时要加强空气浴和日光浴，并且要保证宝宝房间里的湿度始终保持在适当的水平，这样有助于保持鼻腔通畅。

📋 口部的护理

宝宝的口腔黏膜又薄又嫩，不要试图去擦拭它。如果发现宝宝口腔上颚中线两侧和齿龈边缘出现一些黄白色的小点，很像是长出来的牙齿，俗称"马牙"或"板牙"，这是一种正常的生理现象，不是病，它在出生后的数月内会逐渐脱落。

要保证宝宝口腔清洁，喝配方奶的宝宝，可以在每次喝完奶后再给宝宝喂少量白开水。还要注意不要经常用力亲吻宝宝的脸颊和嘴。

如果发现宝宝的口腔黏膜有白色的奶样物，喝温水也冲不下去，而且用棉签轻轻擦拭也不易脱落，并有点充血的时候，则有可能是念珠菌感染了，也就是人们常说的鹅口疮。一般情况下15~30天就会自行痊愈。如果是因为使用抗生素不当造成口腔内菌群失调而发病的，就需要给宝宝的奶嘴和奶瓶消毒，并请教医生了。

第**2**周

✚ 警惕病理性黄疸

宝宝出生后的第2周，体重可能会出现生理性下降，脐带干燥后会脱落，这些小小的变化都是正常的。爸爸妈妈逐渐掌握了监测和护理宝宝的方法，虽然很累，还是不想错过宝宝成长的每一个瞬间。

爸爸妈妈小任务

☐ 宝宝和妈妈一起睡
☐ 奶瓶每天消毒
☐ 脐带护理
☐ 学会清洗宝宝的衣服
☐ 领出生证
☐ 给宝宝申报户口
☐ 配合产后 12 天回访

一般情况下，宝宝的腰骶部、臀部及背部等处可见大小不等、形态不规则、不高出表皮的大块青灰色"胎记"，这是由于特殊的色素细胞沉积形成的。大多在宝宝 4 岁时就会慢慢消失，有时会稍迟。

◎乳腺肿胀，但挤不得

由于孕晚期妈妈的雌激素对胎宝宝的影响，所以不论男宝宝还是女宝宝，在出生1周内，都会出现蚕豆样大小的乳腺肿大，在出生后2~3周才会自行消退。有些老人认为女宝宝应该挤出乳汁，使肿大的乳腺恢复正常，同时保证长大以后妊娠哺乳时有乳汁分泌。这种做法是错误的，很可能会使宝宝引起感染。

◎腿不直

宝宝可能会有"内八脚"和"罗圈腿"现象。旧习俗里用捆绑的方法来纠正，其实是不对的。"内八脚"和"罗圈腿"，是由于宝宝在妈妈子宫里的空间有限，导致双腿交叉蜷曲造成的。宝宝3个月左右的时候，这种现象就会慢慢消失。

◎眼睛斜视

因为宝宝早期眼球尚未固定，看起来有点斗鸡眼，而且眼部肌肉的调节功能还不完善，所以常常有短暂性斜视，属于正常生理现象。如果3个月后，宝宝仍旧斜视，应及时带宝宝去医院就诊。

◎黄疸逐渐消退了

生理性黄疸此时会消退。需要注意的是，现在还不能带宝宝去户外晒太阳，最好是在家里的阳台上短时间、间断地晒晒太阳，时间最好选在上午10点左右或下午3~4点。

药剂师妈妈说喂养

由于各种原因，有的妈妈不得不放弃母乳喂养宝宝，但也不要为此感到遗憾和内疚。配方奶粉一样能让宝宝健康成长。但是如果妈妈只是因为乳汁少或人为因素想放弃母乳喂养，就相当于剥夺了宝宝吃母乳的权利。

不要喝母乳或配方奶以外的饮品

6个月以内的宝宝胃肠道功能尚没有发育完善，各种消化酶还没有形成，肠道对病菌的抵御能力很弱，对饮品中所含的一些成分缺乏处理消化能力。如果这时给宝宝喝其他饮品，会造成消化道功能紊乱，引起腹泻等症状。所以，6个月以内宝宝的最好食物还是母乳或配方奶。

夜里给宝宝喂的是奶，更是爱

宝宝随时会饿，不分昼夜。夜间喂奶也可能会影响妈妈在白天的精神状态，但妈妈要相信，深夜哺喂的时刻与整段人生相比，是极其短暂、珍贵的。妈妈要做的是放松心情，以平静的心态来享受这一份亲密的时光。

国产奶粉和进口奶粉哪个好

由于不能母乳喂养，妈妈心里总觉得亏欠宝宝，所以想方设法弥补，在奶粉的选择上，也偏信价格昂贵的进口奶粉，所以通过各种途径，为宝宝买进口奶粉。

国产奶粉在质量上与进口奶粉没什么差别，从配方奶粉的营养成分表上看，进口奶粉所含有的营养成分，国内配方奶粉均有添加。而且进口奶粉多是根据原产国宝宝的体质特点来生产的，与我们国家宝宝的营养需求存在一些差异。所以科学喂养宝宝，不是奶粉越贵越好，也不是越洋越好，适合宝宝的，才是最好的。

📋 冲泡配方奶,这些细节要牢记

◎注意冲泡比例

配方奶的冲泡一定要按说明书操作,过浓会增加宝宝的消化负担,过稀则会影响宝宝的生长发育。基本的冲泡比例,按重量比应是1份奶粉配8份水,但按照重量配比在实际操作中很不方便,而按容积比例冲泡比较方便,容积比应是1份奶粉配4份水。比如用50毫升的配方奶粉,冲泡成200毫升的奶,这种奶又称全奶。

◎水温以 40~45℃为宜

冲泡配方奶时,水温以40~45℃为宜,可滴一滴在自己手腕上,不感到烫手即可。水温过高会使配方奶粉中的乳清蛋白凝块,一些免疫活性物质及营养素也会被破坏。

◎先倒水, 再加配方奶粉

正确的冲泡顺序是先往奶瓶中加温水,到固定的刻度处,再加入相应比例的配方奶粉,盖紧瓶盖摇匀。而不能先放配方奶粉后加水,这容易造成冲泡比例不适当。

📋 阴凉干燥处存放配方奶粉

由于配方奶粉消耗速度较快,很多爸爸妈妈都习惯于多储存一些,以备不时之需。但如果存放不当,造成配方奶粉变质,不但造成浪费,宝宝误食后还会影响健康。

使用配方奶粉时应该先开一包或一罐,避免一次打开多包或多罐。已开封的奶粉在每次使用后,一定要盖紧或扎紧袋口,然后存放于干净、干燥、阴凉的地方,避免光照。

无论是开封的奶粉,还是尚未开封的奶粉,最好都不要放入冰箱保存。冰箱中湿度大,容易导致奶粉返潮。

奶瓶每天消毒 1 次

使用完奶瓶别忘了清洗、消毒,尤其是在夏季。最好每天用沸水消毒1次,但不能使用消毒液和洗碗液。

用温水分别冲洗一下奶嘴和瓶身,用小刷子把残留物刷净。然后将奶瓶和其他喂奶工具放入锅中,加水至没过,煮沸5分钟即可。奶具消毒后一定要晾干或擦干,不要带水放置。

煮沸消毒时,注意不要让奶瓶或奶嘴贴着锅边,防止被烫坏。

不要随意更换配方奶粉

由于宝宝身体各项机能不够完善，对更换配方奶的做法较为敏感，所以不适宜频繁更换配方奶粉。但如果宝宝对选用的奶粉表现出了不适，如出现腹泻、严重的便秘、哭闹或者过敏症状时，就要及时看医生，根据需要换配方奶粉。

值得注意的是，有些爸爸妈妈认为在同品牌奶粉之间互相转换，不算是换奶粉。其实即使相同品牌的奶粉，不同诉求的产品，其营养成分的侧重点不同，适用于不同需求的宝宝。因此，同品牌不同成分奶粉之间转换也应谨慎。

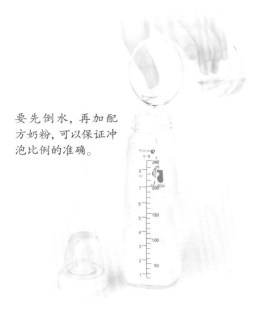

要先倒水，再加配方奶粉，可以保证冲泡比例的准确。

"半匙法"换配方奶粉

如果宝宝在喝了配方奶后出现了过敏、腹泻等严重症状，应及时停止哺喂，带宝宝到医院就医，在医生指导下采用其他代乳品喂养。

如果因为客观原因必须换配方奶粉，最好遵从循序渐进原则，采用"半匙法"，即每天在宝宝原来的奶粉中，用新奶粉替换原来半匙奶粉。每三天增加半匙新奶粉。以宝宝每餐3匙奶粉量为例，可以在准备换奶粉的第1~3天采用两匙半原奶粉加半匙新奶粉的配比方法，第4~6天，采用2匙原奶粉加1匙新奶粉的配比，直到全部采用新奶粉。

在更换奶粉过程中，爸爸妈妈最好密切观察宝宝的健康状况，如宝宝表现出不适，应立即停止更换。若宝宝只是表现出厌奶，但很有精神，可能是生理性厌奶，通常这种情况持续1周左右就会消失。

配方奶的喂食量

平均来说，宝宝的体重与每日食量的关系为：每453克对应75毫升。但宝宝会根据自己的个体需要不断调整食量，所以爸爸妈妈们不要拘泥于某个定量，让宝宝自己来"告诉"你什么时候吃饱。

出生几天后，吃配方奶的宝宝平均每次食量会达到60~90毫升，每隔3~4小时吃一次，前几周都是如此（母乳喂养的宝宝通常比配方奶宝宝食量小，但吃奶次数多）。未满月的宝宝，如果一次睡觉超过4个小时仍没有醒来，爸爸妈妈就要将宝宝唤醒吃奶了。到满月时，宝宝的食量可以达到每顿至少120毫升，吃奶已经相当规律，大约每4小时1次。到半岁时，宝宝每24小时会吃4~5次奶，每次180~240毫升。

疾病与用药经验谈

　　受体质和环境的影响，不同宝宝对外界的反应各有不同。当出现一些异常情况时，如病理性黄疸、肺炎、脐炎等，爸爸妈妈要及时了解，给予科学的护理、体贴的照顾，这样宝宝才能健康茁壮成长。

📋 警惕病理性黄疸

　　生理性黄疸虽然不需要担心，但要警惕病理性黄疸，黄疸有下列表现之一时，常提示是病理性的：

　　1.黄疸出现的时间早，一般在出生后24小时内就出现。

　　2.黄疸程度重，往往呈金黄色或黄疸遍及全身，手心、足底也会有比较明显的黄疸，血清胆红素的检测值大于12~15毫克/分升。

　　3.黄疸持续时间久，在宝宝出生2~3周后黄疸仍持续不退甚至加深，或减轻后又加深。

　　4.伴有大便颜色变淡、体温不正常、吃奶不积极、有呕吐等表现。

　　5.检查出宝宝有贫血情况。

◎ 药物治疗

　　一旦怀疑宝宝是病理性黄疸，就应该立即就诊，否则会对宝宝带来很大危害。常用于治疗黄疸的药物有肝药酶诱导剂、肾上腺皮质激素、白蛋白、高结合胆红素排出剂（如胆酸钠）以及干预肝肠循环的药物（如益生菌、蒙脱石散）等。由于治疗病理性黄疸的方法和药物种类多，使用比较专业，所以家长不要自行给宝宝用药，一定要遵医嘱。

📋 肺炎

　　如果宝宝刚出生时就有肺炎，多数是因为在生产过程中或者产前引起的。在孕期，胎宝宝生活在充满羊水的子宫里，一旦缺氧（如脐带绕颈），就会发生呼吸运动而吸入羊水，引起吸入性肺炎；如果早破水、产程延长或在分娩过程中，吸入细菌污染的羊水或产道分泌物，易引起细菌性肺炎；如果羊水被胎便污染，吸入肺内会引起胎便吸入性肺炎。

　　还有一种情况是出生后感染肺炎，宝宝接触的人中有带菌者（比如感冒），很容易受到传染引起肺炎。

　　所以在宝宝出院回家后，应尽量谢绝客人，尤其是患有呼吸道感染者，要避免进入宝宝房内。妈妈如果患有呼吸道感染，建议戴口罩接近宝宝。每天将宝宝的房间通风一两次，以保持室内空气新鲜。

📋 警惕宝宝肠绞痛

有的宝宝会出现突然性大声哭叫，可能持续几小时，也可能间断发作。哭时宝宝面部渐红，口周苍白，腹部胀而紧张，双腿向上蜷起，双足发凉，双手紧握，抱哄或喂奶都不能缓解，最终以哭得力竭、排气或排便而停止，这种现象通常称为肠绞痛。这是由于宝宝肠壁平滑肌阵阵强烈收缩或肠胀气引起的疼痛。

宝宝吃奶、哭闹时吞入大量空气；喂奶过饱使胃过度扩张引起不适；对配方奶过敏；兴奋型宝宝对各种刺激敏感、易激动哭吵……这些情况都会诱发宝宝肠绞痛。

当宝宝肠绞痛发作时，应将宝宝抱起来，头伏在肩上，轻拍背部排出胃内过多的空气，并用手轻轻揉按宝宝腹部，也可以用布包着热水袋放置宝宝腹部使肠痉挛缓解。如果宝宝腹胀厉害，可以用小儿开塞露进行通便排气，并密切观察，如有发热、脸色苍白、反复呕吐、便血等表现，就要立即到医院检查，以免耽搁诊治时间。

鼻泪管堵塞

细心的妈妈发现，宝宝在哭的时候却没有眼泪，其实这是因为宝宝的泪腺所产生的液体量很少，仅能保证眼球的湿润。而且宝宝在出生时，其泪腺是部分或全部封闭的，要等到几个月以后才能完全打开。

如果宝宝一直出现眼泪不流的情况，那么父母就要想到宝宝的鼻泪管是否出现了堵塞，这时需要带宝宝去医院检查，以确定泪道是否不通或是否是泪囊炎，从而决定是否需要进行鼻泪管的探通手术，让鼻泪管疏通，以利于眼泪的流出。

用婴儿专用棉签擦拭宝宝脐部时，应该从脐眼向外擦拭，周围的皮肤也要擦拭消毒。

 睡眠

到了第2周，妈妈就会发现，宝宝醒着的时间开始变长，有时甚至有2个小时。如果你在他（她）睡着的时候没有一起睡，那么当你想睡的时候，他（她）可能就会醒来要吃奶、要换尿布，把你好一番折腾。当然，如果不小心的话，还会养成宝宝昼夜颠倒、抱着睡的习惯。

晚上跟妈妈睡还是单独睡

宝宝最喜欢妈妈身上熟悉的味道，所以，妈妈一定不要吝啬自己的抚摸和拥抱。尤其是在晚上，最好跟宝宝睡在一起，这样既方便晚上哺乳，而且如果宝宝晚上醒来，看到妈妈在身边，感受到妈妈熟悉的气息，会很快安睡。这里说的跟妈妈睡，是指宝宝和妈妈睡在一个屋子，不建议妈妈宝宝睡一张床上。

尽量不要抱着睡

新生的宝宝需要父母的爱抚，但也需要培养良好的睡眠习惯。抱着宝宝睡觉，既会影响宝宝的睡眠质量，还会影响宝宝的新陈代谢。另外，产后妈妈也需要恢复，抱着宝宝睡觉，妈妈也得不到充分的睡眠和休息。所以，宝宝睡觉时，要让他（她）独立舒适地躺在自己的床上，自然入睡，尽量避免抱着睡。

可以用睡袋睡觉

很多妈妈担心宝宝睡觉时蹬开被子使腹部受凉，所以经常用被子把宝宝包得严严实实，有时还会用几根带子捆上，这样不利于宝宝四肢的发育。而且把宝宝的手脚包裹在被子里，不能触碰周围物体，也不利于触觉的发展。另外，捆得太紧，不易透气，出汗时又容易使褶皱处皮肤糜烂，给宝宝造成不必要的痛苦。而使用睡袋可以很好地解决这些问题。

睡袋既可以给宝宝提供一个舒适、宽松的睡眠环境，保暖性好，又不会被宝宝蹬开，还不会影响宝宝的四肢活动。使用睡袋，妈妈省心，宝宝也能更健康。

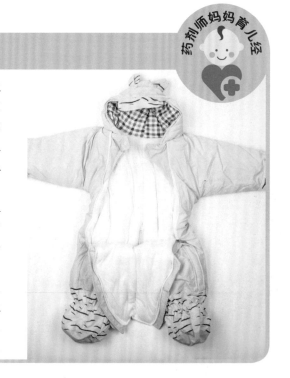

Tips

不要蹑手蹑脚
适当减小音量就可以，太安静不利于宝宝好的睡眠习惯养成和听觉发育。

固定的地方睡觉
会让宝宝睡得踏实、安稳，也有利于宝宝秩序感的建立。

不要摇晃哄睡
效果不好，而且还可能对宝宝大脑造成伤害。

📋 睡梦中不要一哭就抱

有些宝宝在睡梦中会哭起来，这种情况不要抱，妈妈可以采取以下方法诱导宝宝再次安然入睡：

靠近宝宝，由头顶向前额方向，用手轻轻抚摸宝宝的头部，一边抚摸一边发出单调、低弱的哦哦声；或者将宝宝的单侧或双侧手臂放在胸前，保持在胎内的姿势，这样会使宝宝产生安全感，从而很快入睡。

📋 尽量别唤醒熟睡的宝宝

有些新手爸妈担心宝宝饿着或被湿湿的尿布包裹，常常会隔几个小时就把宝宝叫醒喂奶或者换尿布。其实不建议这样做。

新生儿期的宝宝非常需要睡眠。宝宝快速的新陈代谢和成长，需要充足的优质睡眠才能保证，而且如果是饿了，或因为便便不舒服了，宝宝自己会用哭声提醒爸爸妈妈。所以爸爸妈妈不要过于担心，尽量少叫醒熟睡中的宝宝。

若宝宝在睡觉时便便了，但并没醒过来，爸爸妈妈发现后，可以在宝宝睡梦中为他换好干净的尿布，不必非叫醒宝宝。

📋 不要让宝宝睡电热毯

有些新手爸妈怕宝宝睡觉冷，于是便使用电热毯保持温度，这是不可取的。据观察，经常睡电热毯的宝宝，容易烦躁、爱哭闹，还容易出现食欲不振的现象。

宝宝的体温调节能力差，若保暖过度，也一样对宝宝不利。在温度偏高的情况下，宝宝身体水分丢失多，若不及时补充液体，长此以往会造成脱水热、高钠血症、血液浓缩，出现高胆红素血症，还会引起呼吸暂停，甚至危及生命。另外，宝宝长期在电热毯产生的电磁场中睡眠，神经系统也极易受到损害，所以不要让宝宝睡在电热毯上。暖水袋、电暖气也不能随便给宝宝使用。

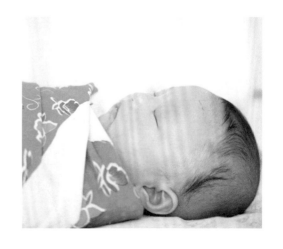

护理

在护理宝宝的过程中，常会遇到这样或那样的问题，特别是没有经验的新手爸妈，常常会手忙脚乱，或者被宝宝折腾得筋疲力尽。那就提前了解一些宝宝护理中常见的问题吧，等遇到这些问题的时候就不用慌了。

抱宝宝要用手托着颈部

刚出生的小宝宝柔软、娇弱，新手爸妈往往不敢下手抱，其实宝宝有强大的生命力，只要爸爸妈妈抱的方法得当，就不会有任何影响，但也不宜抱太久。

第一步：把一只手轻轻地放到宝宝的头下，用手掌包住整个头部，注意要托住宝宝的颈部，支撑起宝宝的头。

第二步：稳定住头部后，再把另一只手伸到宝宝的屁股下面，包住宝宝的整个小屁屁，将力量都集中在两个手腕上。

第三步：这个时候，就可以慢慢地把宝宝的头支撑起来了。注意，一定要托住宝宝的颈部，否则头会往后仰，这样会不舒服。要用腰部和手部力量配合托起宝宝。

1 岁前不需要用枕头

美国儿科学会建议，宝宝在1岁前不需要用枕头，因为宝宝的脊柱是直的，头部大小几乎与肩同宽。平躺时，背部和后脑勺在同一平面上；侧卧时，头和身体也在同一平面上。平睡侧睡都很自然。如果给宝宝垫上一个小枕头，反而会造成头颈的弯曲，影响宝宝的呼吸和吞咽。

如果宝宝有溢乳的情况，也不能用加高枕头的办法解决，而应让宝宝右侧卧，把上半身垫高些。1岁以后可以考虑给宝宝准备一个小枕头。

不要让宝宝长期保持一种睡姿

顺产的宝宝，由于受到产道的挤压，头形可能会不太好看，不过这种情况在几天内或几周内自然会消失，妈妈不用太过担心。由于刚出生的宝宝头部颅骨尚未完全骨化，因此，头形有可塑性。如果长期让宝宝头部偏向一侧睡，势必会影响头形。不要让宝宝总平躺或侧卧，应该两侧适时交替，不要固定于某一侧，以免造成头形与脸型不对称。

📋 棉尿布和纸尿裤配合着用

　　宝宝从出生到能够大小便自理，一直有尿布陪伴。老一辈人喜欢给宝宝用棉尿布，舒服还省钱，而新一代妈妈们喜欢用纸尿裤，方便、省心。究竟是用棉尿布好，还是用纸尿裤更好呢？通过下表的比较可以看出，棉尿布和纸尿裤各有优缺点，因此最好的方法是：昼夜结合，搭配使用。

	棉尿布	纸尿裤
优点	1.吸水性强，使用舒适，透气性较好，对宝宝娇嫩皮肤刺激小，安全 2.可用质地柔软、吸水、透气性好的旧棉布、旧床单或旧衣裤改造而成，可重复使用，经济实用	1.方便省事，整洁舒适，能迅速处理宝宝大小便问题 2.晚上不用经常更换，有利于大人和宝宝充分休息
缺点	需要勤洗勤换，浪费时间和体力	1.透气性差，刺激宝宝的皮肤 2.经常更换，比较贵
适用时间	1.白天用 2.阴湿季节用	1.晚上用 2.带宝宝外出时用
注意事项	1.注意不要选择易掉色的布料做尿布 2.及时丢弃变硬、吸水性差的尿布	一般三四个小时就需要换一次，宝宝大便后要马上更换，若不及时更换易得尿布疹

📋 看懂宝宝的大便

大便颜色	状态	健康状况
墨绿色（出生12小时内排出）	软膏样	是胎便，在孕期就已产生
绿色（母乳喂养）	黏稠状	可能是肠道内胆红素被细菌氧化为胆绿素，宝宝状态好就行
黄色（母乳喂养）	软膏样，无酸味或泡沫	表明宝宝很健康
大便次数增多	稀水样或蛋汤样，有腥臭味	可能是腹泻，要及时就医
大便次数减少，排便时哭闹	干硬	可能是便秘
黑色或墨绿色（人工喂养）	厚重	可能是对配方奶中铁的吸收不完全
黄色	米粒样	可能有消化不良症状

3~4周

✚ 补充鱼肝油

第3~4周宝宝会经历一个快速生长期，宝宝比出生时重了500~600克，身长也增加了2~3厘米。听觉和视觉发展迅速，运动能力也会有很大的发展，他(她)会好奇地观察周围，开始尝试接受新的信息。

爸爸妈妈小任务

☐坚持母乳喂养

☐做好宝宝白天小睡记录

☐会给宝宝洗澡

☐宝宝头发护理

☐会正确抱宝宝

☐带宝宝去户外要谨慎

☐抚触

☐防治湿疹、鹅口疮

☐给宝宝补充鱼肝油和钙

◎ 正处在快速生长期

快速生长期一般发生于出生后第2~4周，以及第3~4月之间。宝宝可能会突然不停地要奶喝，这种频繁喝奶的阶段就叫做"快速生长期"。这时如果妈妈每2个小时给宝宝喂1次奶，或者更频繁地喂奶，妈妈的身体就会收到信号，会产生更多乳汁，并根据宝宝的年龄对乳汁的组成进行调整。过了几天，这种频繁喝奶期结束，妈妈的乳汁又会按照宝宝的需求进行调整。

◎ 视觉：超级"近视眼"

现在宝宝的视力依然很弱，清醒时可以注视20~40厘米范围内的东西。在明亮的光线下会眨眼，有时候妈妈还会发现还有点斗鸡眼，这在6个月以内无需担心，这是因为宝宝的眼部肌肉还没有发育好，但如果过了6个月还是这样，就需要去看眼科医生了。

◎ 听觉：听到响声吓一跳

宝宝醒着时，近旁10~15厘米处发出响声，他的四肢躯体活动会突然停止，好像在注意聆听声音。当突然有声响发生时，宝宝会出现"吓一跳"的反应，这属于惊吓反射，表明了宝宝的听力是正常的。

◎ 体格发育标准

项目	体重(千克)	身长(厘米)	头围(厘米)	胸围(厘米)
满月时	男：3.6~5.0 女：3.4~4.5	男：52.1~57.0 女：51.2~55.8	男：约38.4 女：约37.5	男：约37.8 女：约37.1
测量自家宝宝				

妈妈面对着宝宝说话时，宝宝会一直盯着妈妈看。

◎ **嗅觉：熟悉妈妈的味道**

宝宝也有敏感的嗅觉和味觉，很喜欢妈妈身体的气息，他(她)对母乳的香气感受灵敏，并表现出喜爱。

◎ **会用"哼哼"表达感受**

宝宝已经会用"哼哼""咯咯"等简单的词汇来表达自己的感受了。这时，妈妈也要用同样的词汇回答宝宝，面对面地和宝宝逗笑对话。很多宝宝这个时候都开始有识别爸爸妈妈的意识了。有些宝宝在看到爸爸妈妈时，会安静下来笑，有些还会和爸爸妈妈进行眼神交流呢。

◎ **运动能力在变强**

宝宝现在非常可爱，圆鼓鼓的小脸，粉嫩的皮肤，反应也灵敏许多，开始对外界事物感兴趣，如果妈妈跟宝宝说话，宝宝会一直盯着妈妈看，妈妈如果走开，宝宝的视线会追随妈妈。宝宝的运动能力也开始变强，开始喜欢蹬腿，而且还挺有力的呢。宝宝现在很喜欢听大人说话的声音，如果放下宝宝，在另一边说话，宝宝自己会把头转过来。

◎ **宝宝的性格与气质**

有些宝宝一出生就很乖巧，不哭不闹，父母很省心。有些宝宝生下来后日夜啼哭，让父母劳神劳心。这种个体差异是由婴儿的先天气质决定的。气质与遗传有关，属于先天的，新生儿自出生的瞬间即表现出不同的气质，而且具有相当的稳定性，这种气质随着宝宝日后的成长，慢慢就养成了特定的性格。宝宝的气质类型主要有三种，新手父母可根据自己宝宝的气质，选对照顾方法。

气质类型	表现
容易型	生活有规律，情绪愉悦，有安全感，容易适应新环境，护理起来比较容易
困难型	护理起来比较困难，吃、睡等活动都不规律，对新事物往往有强烈的反应，安全感较差
迟缓型	很少表现强烈的情绪，无论是积极的还是消极的。他们总是缓慢地适应新环境，不过一旦适应环境，就会活跃起来

药剂师妈妈说喂养

这个阶段的宝宝消化吸收能力会变得更强一些,宝宝的最佳食品仍是母乳。妈妈分泌的母乳量会直接影响宝宝的生长发育,所以为了增加泌乳量,妈妈要注意自身的营养,生活要有规律。如果母乳确实不足,可以考虑给宝宝混合喂养。

判断奶水是否充足的 5 个标准

许多年轻妈妈在体验了初为人母的欣喜时,也深知母乳喂养对宝宝身心发育的重要,非常渴望能成功地给自己的宝宝母乳喂养,但也常常感到奶水不多,很担心自己不能喂饱小宝宝。那么,怎样才能判断你的乳汁是否充足呢?

1.乳汁充足的妈妈会感觉到乳房胀满、坚硬,甚至有些胀痛,而且会发生溢乳现象,即宝宝吃一侧乳房时,另一侧乳房就会同时有乳汁流出。

2.如果妈妈奶水充足,宝宝吃奶时就可以听到"咕嘟、咕嘟"的咽奶声音。

3.宝宝吃奶之后很满足,不哭闹能安静地入睡,一般能睡2小时左右。

4.宝宝的日常行为良好,体重每月增长500~1000克,或每周增长150~250克。

5.每日小便应在6次以上,大便每日2~4次,色黄质软。排绿便则表明乳汁不足。

要不要叫醒宝宝吃奶

宝宝睡得香甜的情况下,妈妈不必叫醒宝宝喂奶。从生理角度看,宝宝的胃排空一次需要3~4小时。因此,如果超过4个小时,宝宝还在睡觉,便可以叫醒宝宝了。

防止乳头混淆的小秘诀

一些妈妈因为乳汁下来的比较晚,所以在产后的最初几天,可能需要加喂些配方奶,但是最好不要用奶瓶直接喂宝宝,以免宝宝乳头混淆,不再吸妈妈的乳汁。

这里教给妈妈一个好方法,让宝宝先吸上妈妈的乳房,然后用一小段软胶管,很细很细的那种,一头放在冲好的奶瓶里,一头顺着宝宝的小嘴边轻轻插进去,宝宝就可以一边吮吸妈妈的乳头,一边喝配方奶。这样既刺激了妈妈的泌乳反射,又不至于让宝宝饿肚子,还不用担心吃奶瓶产生乳头错觉。

🔖 如何度过"暂时性哺乳危机"

"暂时性哺乳危机"表现为本来乳汁分泌充足的妈妈在产后第2周、第6周和3个月时自觉奶水突然减少，乳房无奶胀感，喂奶后半小时左右，宝宝就哭着找奶吃，体重增加明显不足。

导致这种现象的原因是宝宝体重增加迅速，妈妈过于劳累、紧张，每天喂奶次数较少，每次吸吮时间不够造成的。为了顺利度过这一时期，妈妈可以从以下几方面着手：

1.妈妈要保证充足的休息和睡眠，保持轻松、愉悦的情绪，这样有利于泌乳；

2.适当增加每天哺乳次数，如果有条件，全天陪伴宝宝。只要宝宝醒来后，就让宝宝吸吮母乳，吸吮的次数多了、时间长了，母乳分泌量自然会增多；

3.每次每侧乳房至少吸吮10分钟，两侧乳房均应吸吮并排空，这样有利于泌乳，又可让宝宝吸到含较高脂肪的后奶；

4.宝宝生病暂时不能吸吮母乳时，可将奶挤出，用杯或汤匙喂宝宝。如果妈妈生病不能喂奶时，应按给宝宝哺乳的频率挤奶，这样可保证病愈后继续哺乳。

每天给宝宝补充多少鱼肝油合适

足月宝宝每天需要摄入400~500国际单位的维生素D，配方奶粉中强化了维生素D，如果每天摄入的奶里维生素D的总量不足400国际单位，可以补充不足的部分。

鱼肝油同时含有维生素A和维生素D。鱼肝油（1岁以内剂型）含有400~600国际单位维生素D，1300~1500国际单位维生素A；鱼肝油（1岁以上剂型）含有700国际单位的维生素D和2000国际单位的维生素A。每日持续服用2粒鱼肝油，可能会造成维生素A补充过量。母乳喂养的宝宝，如果妈妈的膳食营养均衡，可以选择补充纯维生素D。服用作为预防剂量的鱼肝油也是安全的。（参考《刘长伟 母乳喂养到辅食添加》）

有些妈妈不会给宝宝喂鱼肝油，其实方法很简单：

1.妈妈洗净手，把鱼肝油滴剂的口放在开水里使之融化；

2.把宝宝抱起来，头稍向后仰；

3.把鱼肝油挤进宝宝嘴里，保持宝宝后仰姿势10秒钟即可。

给宝宝挤完鱼肝油后，妈妈可以吃掉鱼肝油滴剂的外壳。早产儿和双胞胎应该在产后第2周就开始补充鱼肝油。

📋 混合喂养，先喂母乳还是先喂配方奶

混合喂养宝宝时，需要先给宝宝喂母乳。每次喂养都保持每侧乳房哺喂一定时间，再添加配方奶。用这样的喂养方式，能增加宝宝的吮吸频率，促进妈妈的乳汁分泌，有助于妈妈的乳汁不断增多，相应所需的配方奶粉会慢慢减少。

📋 混合喂养千万不要放弃母乳

混合喂养最容易发生的情况就是放弃母乳喂养。新妈妈一定要坚持给宝宝喂奶。有的妈妈下奶比较晚，但随着产后身体的恢复，乳量可能会不断增加。如果放弃了，就等于放弃了宝宝吃母乳的希望。

📋 宝宝拒绝吃奶分多种情况

宝宝不像以前那么爱吃奶，有时甚至看见乳头就躲，这种情况多数是因为身体不适引起的。

宝宝用嘴呼吸，吃奶时吸两口就停，这种情况可能是由宝宝鼻塞引起的，应该为宝宝清除鼻内异物并认真观察宝宝的吃奶反应。

宝宝吃奶时，突然啼哭，害怕吸吮，可能是宝宝的口腔受到感染，吸奶时因触碰而引起疼痛。

宝宝精神不振，出现不同程度的厌吮，可能是因为宝宝患了某种疾病，通常是消化道疾病，应尽快送往医院诊治。

妈妈每天至少喝 6~8 杯水

妈妈每次喂奶前，可以事先喝一杯水、果汁或其他有益液体，有助乳汁充盈，避免自身脱水。妈妈每天至少喝6~8杯水来促进乳汁的分泌，这就相当于每天至少要补充约2100毫升水，以没有口渴感为准。妈妈排尿少且颜色深黄，表明体内水分不足。怎样补水最好呢？白开水和不加糖的果汁是最好的。

药剂师妈妈育儿经

乳头皲裂怎样喂奶

很多妈妈由于没能正确掌握哺乳的姿势。另外，初生的宝宝，不懂心疼妈妈，会用劲吸吮。这些都有可能导致乳头皲裂。防治乳头皲裂，妈妈可以从以下几点来做：

每次喂奶最好不超过20分钟，还要采取正确的哺乳方式，让宝宝含住乳头和大部分乳晕。

对于已经裂开的乳头，可以每天使用熟的食用油涂抹伤口处，促进伤口愈合。

喂奶前妈妈可以先挤一点奶出来，这样乳晕就会变软，有利于宝宝吮吸。

当乳头破裂时，可先用晾温的开水洗净乳头破裂部分，接着涂以10%鱼肝油铋剂，或复方安息香酊，或用中药黄柏、白芷各等分研末，用香油或蜂蜜调匀涂患处。

如果乳头破裂较为严重，应停止喂奶24~48小时；或使用吸奶器和乳头保护罩，使宝宝不直接接触乳头，可以将奶直接挤到消过毒的干净奶瓶里来喂宝宝。

乳腺炎期间还能喂奶吗

当宝宝最需要母乳的时候，却偏偏是妈妈最容易得乳腺炎的时候。发病时主要表现为乳腺红肿、疼痛，严重者会化脓，并形成脓肿，还常伴有发热、全身不适等症状。发生乳腺炎的主要原因是细菌感染、乳汁淤积等。

妈妈在感到乳房疼痛、肿胀甚至局部皮肤发红时，要勤给宝宝喂奶，让宝宝尽量把乳房的乳汁吃干净，否则会使乳腺炎症状加重。但如果炎症相对严重，妈妈要在医生指导下进行治疗，并用冷敷（将毛巾放进冰箱冷藏一会儿）的方法缓解疼痛。热敷会扩张乳腺管，加剧症状。冷敷时，每边乳房不宜超过10分钟，每天3次左右为宜。如果冷敷时间过长，有可能会引起回奶。乳腺炎不可以热敷，但可以进行温敷。在哺乳前温敷约15分钟，通常情况下可以促进乳汁流动。

乳房大小和泌乳量无关

一些妈妈会误以为泌乳量和乳房大小有关，其实乳房大小基本上是由胸部脂肪多少决定的，而乳汁是由乳腺产生的，因此乳汁的分泌量跟乳房的大小无关。相反地，那些乳房较小的妈妈更容易调整好乳房的位置，更易于宝宝吸吮，能分泌出比其他妈妈更多的乳汁。一定要记住，宝宝正确的吸吮应该是含着整个乳晕的，而不仅仅是含着乳头。

只有含着乳头和大部分乳晕，宝宝才能吸到奶，还能防止妈妈乳头皲裂。

疾病与用药经验谈

尽管有爸爸妈妈的精心护理和喂养，可宝宝有时也会出现这样或那样的问题。很多爸爸妈妈一遇到宝宝疾病，就在药物治疗方面有很多担心和疑问。所以多了解这方面的知识，爸爸妈妈才会在遇到情况时不慌乱，育儿之路才会更轻松。

📋 防治鹅口疮

鹅口疮又叫雪口病、白念菌病，是由白色念珠菌感染所引起的真菌感染，在宝宝口腔黏膜表面形成白色斑膜，不仅是刚出生的宝宝易感染，稍大些也可能感染。

◎诱发因素

1.母亲阴道有真菌感染，宝宝出生时通过产道，接触母体的分泌物而感染。

2.奶瓶、奶嘴消毒不彻底，母乳喂养时，妈妈的乳头不清洁。

3.宝宝接触感染念珠菌的食物、衣物和玩具。

4.大一点的宝宝在幼儿园过集体生活，有时因交叉感染可能患鹅口疮。

5.如果给宝宝长期服用抗生素，或不当使用激素治疗，也会造成体内菌群失调，真菌乘虚而入。

◎常见症状

1.多发于颊、舌、软腭及口唇部的黏膜，出现乳白色、微高起斑膜，形似奶块，不易用棉棒或湿纱布擦掉。无痛，擦去斑膜后，可见下方不出血的红色创面。

2.在感染轻微时，白斑不易发现，也没有明显痛感，或仅在吃奶时有痛苦表情。严重时会因疼痛而烦躁不安、胃口不佳、啼哭、哺乳困难，有时伴有轻度发热。

3.受损的黏膜不及时治疗可不断扩大，蔓延到咽部、扁桃体、牙龈等，严重者可蔓延至食管、支气管，引起念珠菌性食管炎或肺念珠菌病，出现呼吸、吞咽困难，少数可并发慢性黏膜皮肤念珠菌病，影响终身免疫功能。甚至可继发其他细菌感染，造成败血症。

◎预防和治疗

宝宝的奶具或餐具要勤于清洗消毒。

妈妈平时要注重乳房清洁，其他护理人员每次接触宝宝以前也要把自己的手洗干净，奶瓶使用前要经过沸水消毒。

治疗鹅口疮可用制霉菌素加婴儿鱼肝油涂擦宝宝的口腔黏膜。或用2%~5%碳酸氢钠清洗口腔后，使用制霉菌素药片，每片用10毫升温水碾碎涂抹口腔，忌用开水，之后半小时不要吃东西或喝水。用药7天以上，待白色斑块消失后，还应坚持用药1周，以防复发。

防治痱子

痱子是夏季常见的皮肤病。夏天气温高，汗液分泌多，若汗液蒸发不畅，导致汗孔堵塞，淤积在表皮汗管内的汗液使汗管内压力增加，导致汗管扩张破裂，汗液外溢渗入周围组织，在皮肤下出现许多针头大小的小水疱，就形成了痱子。

◎ 痱子的类型

红痱：多出现在宝宝手背、肘窝、颈、胸、背、腹部、臀、头面部，为圆而尖形的针头大小密集的丘疹或丘疱疹，有轻度红晕，自觉轻微烧灼及刺痒感。

白痱：多出现在颈、躯干部，多数为针尖至针头大浅表性小水疱，无自觉症状，轻擦之后易破，干后有极薄的细小鳞屑。

脓痱：痱子顶端有针头大浅表性小脓疱，常发生于褶皱部位，如四肢屈侧和阴部，宝宝头颈部也常见。脓疱内常无菌，但溃破后可继发感染。

◎ 预防宝宝生痱子

痱子让宝宝浑身难受，整个人都无精打采，妈妈看在眼里也很心痛，下面就来教妈妈怎么给宝宝止痱。当然更重要的是在痱子还未形成的时候就做好预防工作：

1. 注意居室的通风，避免过热，遇到气温过高的天气，可适当使用空调降低室内温度。

2. 注意皮肤清洁卫生，及时擦干宝宝的汗水，勤洗澡、勤换衣。

3. 不要穿得过多，避免大量出汗，要穿宽松、透气性、吸湿性均好的棉质衣服。

4. 在炎热的夏天，不要一直抱着宝宝，尽量让宝宝在凉席上玩，以免长时间在大人怀中，散热不畅，捂出痱子。

5. 宝宝睡觉时宜穿轻薄透气的睡衣，睡在透气的凉席上，不要让宝宝裸体躺在塑料布上睡觉，以免皮肤直接受到刺激。

6. 天气太热时，避免带小宝宝出门，以免被暑气灼伤，引起痱子。

7. 最后介绍一种中医防治办法：取6克金银花，洗净，用开水浸泡约1小时即可，以棉签或纱布蘸金银花浸泡液轻抹患处，每天3次。

金银花具有清热解毒的功效，煎水涂抹对宝宝痱子、湿疹等有一定的效果。

📋 湿疹的护理

宝宝湿疹，中医称奶癣，多见于宝宝的脸部、额头、颈部、耳朵后、皮肤褶皱部，也可累及全身。其形态各异，有红斑、丘疹、丘疱疹等，常因剧痒抓挠而露有多量渗液的鲜红糜烂面。

◎湿疹的类型

1.干燥型：湿疹表现为红色丘疹，可有皮肤红肿，丘疹上有糠皮样脱屑和干性节痂现象，宝宝会感觉很痒。

2.脂溢型：湿疹表现为皮肤潮红，小斑丘疹上渗出淡黄色脂性液体覆盖在皮疹上，以后结成较厚的黄色痂皮，不易除去，以头顶及眉际、鼻旁、耳后多见，但痒感不太明显。

3.渗出型：多见于较胖的宝宝，红色皮疹间有水疱和红斑，可有皮肤组织肿胀现象，很痒，抓挠后有黄色浆液渗出或出血，皮疹可向躯干、四肢以及全身蔓延，并容易继发皮肤感染。

◎家庭护理

1.坚持母乳喂养。在宝宝肠道不成熟期，母乳喂养可以减少接触异体蛋白的机会。母乳喂养可以通过促进益生菌生长，发挥抗感染及抗过敏的作用。母乳中的特异性抗体可以诱导肠黏膜耐受，从而减少过敏反应的发生。因此不能盲目停止母乳喂养，而且妈妈要避免食用一些易引起过敏的食物。

2.如果是人工喂养，应选用低敏配方奶粉。喝普通配方奶的宝宝湿疹发生率高，因此建议患湿疹的宝宝使用低敏配方奶粉。这类配方奶粉有：部分水解蛋白奶粉、深度水解蛋白奶粉、游离氨基酸奶粉等。长期服用应在医生的指导下进行。

3.日常护理细节。给宝宝洗澡的水温不宜过高，不要用任何的沐浴用品，仅用清水即可。室温不宜过高，衣服不宜穿着过多，应给宝宝穿棉质、柔软、宽松的衣服。房间保持空气新鲜，清洁卫生，避免灰尘刺激皮肤。天气好的时候经常带宝宝出来晒太阳。严重湿疹时应暂缓疫苗接种。

◎治疗用药

治疗湿疹的常用药有非激素类的苯海拉明乳膏、炉甘石洗剂等，激素类的糠酸莫米松乳膏(儿童慎用)、丙酸倍氯美松乳膏(儿童慎用)等。注意激素类药物每天使用次数不宜过多，疗程不宜过长。药品的具体使用要在医生的指导下进行。

月子里的宝宝脱皮是正常的

绝大多数新生儿期的宝宝都会有脱皮现象，不论是轻微的皮屑，或是像蛇一样的脱皮，家人都不必担心。脱皮是因为宝宝皮肤最上层的角质层发育不完全造成的。此外，宝宝连接表皮和真皮的基底膜并不发达，使表皮和真皮的连接不够紧密，造成表皮的脱落。

这种脱皮的现象全身部位都有可能出现，但以四肢、耳后较为明显，只要于洗澡时使其自然脱落即可，无须采取保护措施或强行将脱皮撕下。若出现脱皮合并红肿或水疱等其他症状，则可能为病症，需要就诊。

宝宝有湿疹，能接种疫苗吗

一些宝宝会在疫苗接种期出现湿疹，家长常常会来医院问是否能接种疫苗。这个问题要从三方面分析：

首先要看湿疹的原因。如果宝宝对配方奶过敏，就不宜口服减毒脊髓灰质炎疫苗，可以改用灭活脊髓灰质炎疫苗；如果对曾经接种的疫苗过敏，就不能再次接种相同疫苗；如果是1岁后的宝宝对鸡蛋蛋白过敏，就不建议预防接种狂犬病疫苗、流感疫苗、黄热病疫苗。

其次要看湿疹的程度。如果湿疹症状严重（尤其是需要接种的部位），可以先治疗湿疹，等到湿疹好转后再接种。轻度湿疹是否可以接种要请医生判断。

最后看皮肤的完整性。只要宝宝接种部位的皮肤完整，而且对疫苗不过敏，可以进行预防接种。

怎样区别湿疹和痱子

	湿疹	痱子
起因	湿疹病因复杂，常为内外因相互作用的结果。内因如慢性消化系统疾病、情绪变化、内分泌失调、感染、新陈代谢障碍等；外因如生活环境、气候变化、饮食不当等，外界刺激如日光、寒冷、干燥、炎热及各种动物皮毛、植物等均可诱发	出汗多，汗液排出不畅，潴留于皮内引起的汗腺周围发炎
多发时间	一年四季都可出现，一般刚出生后几周的宝宝最容易起湿疹	炎热的夏季
发生部位	面颊部、前额、眉弓、耳后	多汗部位，如额部和颈部、枕部
形态	开始时皮肤发红，上面有针头大小的红色丘疹	其实是汗腺的轻度发炎，丘疹中央有小白点，常突然出现并迅速增多

治疗宝宝湿疹用激素类药膏时要慎重，不要使用过多或疗程过长。

睡眠

到了产后第4周，宝宝每天的睡眠时间会缩短到16~18小时，每次睡觉的时间会明显延长，相应地每次醒着的时间也会变长。与母乳喂养的宝宝相比，人工喂养的宝宝睡眠时间会稍微长一些，因为配方奶在宝宝胃里停留的时间比母乳久一点，所以宝宝相对而言不容易饿。

一点动静会吓得全身紧缩

宝宝在睡觉时，一有动静就会吓得全身紧缩，这种反应属于"惊跳"反射，是神经系统还没有发育完善的结果。而且宝宝在睡觉时，有时还会出现皱眉、做鬼脸、噘嘴的小动作，惹人喜爱。新手爸妈不要担心这些现象，适当给些轻柔的安抚，宝宝会继续睡觉的，也没有必要在宝宝睡觉的时候蹑手蹑脚，在正常的生活声音环境下，更能锻炼宝宝的睡眠适应能力。

呼吸时快时慢

宝宝在妈妈肚子里的时候基本用不着自己呼吸，但是出生以后就不一样了，宝宝要学着独立呼吸了。宝宝的呼吸运动比较浅表，呼吸频率快，每分钟40~50次，而且呼吸一般都不稳定，经常会出现一阵快速呼吸，继而又变得缓慢，有时还有短暂的呼吸暂停，新手爸妈不用担心，这是正常现象。

喂奶后不要马上睡

喂奶结束后，妈妈要观察宝宝一会儿，不要立刻昏昏睡去，如果宝宝溢奶或吐奶，要轻轻拍打宝宝背部。如果宝宝是仰卧睡姿，一旦呕吐物流入气管，很可能会引起宝宝窒息。另外，妈妈与宝宝同睡时也要注意，盖一床被子要防止被子堵塞宝宝的口鼻，以免发生意外事件。

睡觉不宜穿太多

宝宝睡觉可能会蹬被，很多新手爸妈担心宝宝睡觉着凉，常会给宝宝穿很多。这种做法对新生宝宝并不好。

宝宝代谢较快，易出汗，如果睡觉时穿太多，会使被窝里的温度高，湿度大，容易诱发"闷热综合征"，影响宝宝睡眠质量，甚至发生虚脱。

宝宝睡觉时可穿薄贴身衣，如果室内温度较高，甚至可以不穿衣服，只要包好纸尿裤就好。给宝宝用睡袋也是好办法。

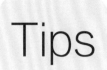

不能含乳头睡

既影响睡眠，也不易养成良好的吃奶习惯，如果堵着鼻子还容易造成窒息。

喂奶后不能马上睡

夜间给宝宝喂奶后，要先拍嗝排气5~10分钟，再让宝宝重新入睡。

调整宝宝的睡姿

宝宝还不能控制和调整自己的睡姿，因此需要爸爸妈妈的帮助。

一放下就醒

一开始时，妈妈就不要抱着宝宝睡觉，如果宝宝已经习惯了让妈妈抱着睡，从现在开始马上纠正还来得及。

妈妈不必小心翼翼、轻手轻脚地把宝宝往床上放，自然地把宝宝放下就可以。开始时宝宝一定会哭闹着抗拒，让他（她）发一会儿脾气，妈妈可以躺在一边轻拍宝宝。当宝宝睡着后，紧挨着他（她）放两个枕头，让宝宝以为是妈妈在身边，有了安全感，这样就能睡得久一点。

宝宝睡前哭闹时，用手轻轻抚摸、轻拍即可，不必抱起来哄。

宝宝"夜啼"怎么办

有些宝宝白天好好的，可是一到晚上就烦躁不安，哭闹不止，人们习惯上将这些宝宝称为"夜哭郎"，这是一种常见的睡眠障碍。

生理性哭闹：孩子的尿布湿了或者裹得太紧、饥饿、口渴、室内温度不合适、被褥太厚等，都会使宝宝感觉不舒服而哭闹。对于这种情况，父母只要及时消除不良刺激，孩子很快就会安静入睡。

环境不适应：有些宝宝对自然环境不适应，黑夜白天颠倒。对于这种情况，父母可以设法减少宝宝白天睡觉的时间，多哄宝宝玩，到晚上就能熟睡了。

疾病影响：某些疾病也会影响宝宝夜间的睡眠，所以如果宝宝总是哭闹，父母又找不出原因，就要及时带宝宝去看医生。

对于宝宝来说，他们的生长激素在晚上熟睡时分泌量较多，从而促使身高增长。若是夜啼长时间得不到纠正，宝宝身高增长的速度就会减慢。所以宝宝一旦"夜啼"，爸爸妈妈应积极寻找原因及时解决，以免影响宝宝的生长发育。

📋 喂奶时妈妈不能睡觉

妈妈半卧或侧卧着给宝宝喂奶时，很容易睡着，一旦睡着，可能会出现乳房堵住宝宝的口、鼻等现象，导致宝宝呼吸困难，窒息缺氧，甚至会造成生命危险。在哺乳期，妈妈很容易就犯困，睡眠不好，身体乏力，但即便是很困，也要在喂奶结束后，把宝宝抱进小床，自己再去睡觉。

📋 开始让宝宝了解白天和夜晚的不同

有些宝宝是小夜猫子，爸爸妈妈想要睡觉的时候，他(她)却清醒得很。在刚出生的最初几天里，也没有什么办法。但是等宝宝2~3周后，爸爸妈妈就可以开始教他(她)区分白天和夜晚了。

宝宝白天醒的时候，尽量多跟他(她)一起玩耍，让房间有充足的光线。如果宝宝在需要吃奶的时候仍然在睡觉，妈妈就要叫醒他(她)了。晚上，小家伙醒来吃奶时，不要逗玩，屋里的光线调暗一点，保持四周安静，不要多说话。慢慢地，宝宝就会开始意识到这是晚上睡觉的时间了。

📋 不要让宝宝含着乳头睡觉

几乎每个宝宝在晚上都会醒来吃2~3次奶，整晚睡觉的情况很少见，只有到6个月以后才开始培养宝宝睡宿觉。此时宝宝正处于快速生长期，很容易出现饿的情况，如果夜间不给宝宝吃奶，宝宝就会因饥饿而哭闹。

但别让宝宝含着乳头睡觉。含着乳头睡觉，既影响宝宝睡眠，也不易养成良好的吃奶习惯，而且容易造成窒息，也有可能导致妈妈乳头皲裂。妈妈晚上喂奶最好坐起来抱着宝宝，结束后，可以抱起宝宝在房间内走动，也可以让宝宝听妈妈心脏跳动的声音，或者是哼着小调让宝宝快速进入梦乡。

📋 做好宝宝的白天小睡记录

宝宝白天的小睡对晚上睡眠有很大影响，所以妈妈可以做一份详细的记录，记下宝宝花了多长时间入睡，通过什么方式入睡以及睡觉的时间、地点和持续时长，这些记录对了解宝宝的睡眠状况和以后安排宝宝晚上的睡眠时间很有帮助。

日期	入睡时间	入睡方式	入睡地点	睡觉地点	持续时长
×月×日	13:15	吃奶后	妈妈怀里	宝宝的小床上	1小时20分钟

护理

宝宝成为家庭的一员已经有一段时间了，但这个小家伙在生活上还远远不能自理，需要爸爸妈妈的护理和关爱，吃喝拉撒睡都要爸爸妈妈来护理。把宝宝照顾得舒舒服服，他（她）才能健康快乐地成长。看着宝宝一天天长大，爸爸妈妈会觉得自己的付出都是值得的。

偶尔打喷嚏并非感冒

宝宝偶尔打喷嚏并不是感冒的表现，这是由于宝宝鼻腔血液的运行较旺盛，鼻腔小且短，若遇到外界的微小物质如棉絮、绒毛或尘埃等刺激鼻黏膜，便会打喷嚏，这是宝宝自我保护的生理反射，也可以说是宝宝自行清理鼻腔的一种方式。宝宝突然吸入冷空气也会打喷嚏，不用过于担心，但注意不要让宝宝着凉了。

平时还要注意观察室内湿度。如果室内空气太干燥也可能导致宝宝打喷嚏，建议多给宝宝喝水，最好使用加湿器或是在屋内放置几盆清水，增加屋内的湿度。如果宝宝经常打喷嚏的症状始终不见改善，父母就要多注意，很可能是宝宝对某种东西过敏引起的，比如花粉、灰尘、化纤类物品等。

为什么宝宝的大便很稀

只要宝宝活泼、醒来要奶吃、尿布经常是湿的，宝宝多半已经从母乳或配方奶中获取了足够的水分，拉稀对宝宝不会有太大影响，无需太过担心。拉稀是由于宝宝的肠道还不能很好地消化吸收母乳，所以很多食物都以大便的形式排出去了。等宝宝再长几个月，吸收能力提高后，大便就会变稠一些，排便次数也会减少。

宝宝有痰咳不出怎么办

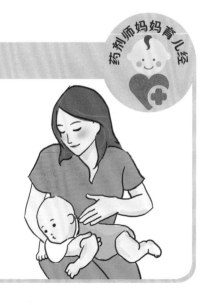

宝宝有痰不会吐，即使痰液已咳出，也只会再吞下。妈妈可以给宝宝拍拍背，帮助排痰。注意拍背时，手劲要适度，能感觉到宝宝背部有震动就可以了。

1. 让宝宝横向俯卧在你的大腿上。

2. 用空心掌和手腕的力，由下向上、从外到内给宝宝拍背。

3. 拍背要注意力度和频率。

4. 拍5分钟后，给宝宝喂点水。

洗澡前的准备工作

1.确认宝宝不会饿或暂时不会大小便,且吃过奶1小时以后再开始洗澡。

2.若是冬天,开足暖气,若是夏天,关上空调或电扇,室温在26~28℃为宜。

3.准备好洗澡盆、洗脸毛巾、浴巾、宝宝洗发液和要更换的衣服等。

4.清洗澡盆,先倒凉水,再倒热水,用肘弯内侧试温度,感觉不冷不热最好。

5.如果用水温计测量,水温在37~38℃最好。

洗澡时的注意事项

1.给宝宝洗澡最好准备一个专门的洗澡盆,或者是小型的洗澡桶,最好别用家里浴室里的大浴缸。

2.要用清水冲洗,不要用肥皂或沐浴液,洗头时可以用婴儿洗发液。

3.一定要事先调好水温、水深,洗澡中途也绝对不可以让宝宝独自在浴盆中。

4.给宝宝洗澡的时候,最好用一只手扶住宝宝的头颈部。

5.每次洗澡的时间以10分钟为宜,如果宝宝喜欢,可适当延长宝宝洗澡的时间。夏天最好每天1次,冬天可以根据情况适当延长周期。

6.刚开始给宝宝洗澡时,可能会因为不熟练而有些手忙脚乱,可以让丈夫或家人来协助,洗两三次就会很熟练了。

7.给宝宝洗澡时,要注意宝宝的眼耳口鼻,尽量别让水溅入其中。

8.给宝宝洗澡做完抚触后,可以给宝宝喂点奶,补充热量和水分。

怎样清除头结痂

一般情况下,宝宝的头皮痂不用清洗,自己会慢慢地脱落。也可以涂些植物油,等头皮痂软了以后,再用清水洗去。有的可能太厚,一次清洗不完,可以坚持每天涂一两次,软了以后再用温水擦干净。

怎么给宝宝洗澡

对于新手爸妈来说,给宝宝洗澡是个大问题,这完全是个技术活。所以,在宝宝出生后住院期间,一定要跟着护士把这门技术学到家。如果还是有问题,下面再来温习一遍:

❶ 给宝宝脱去衣服,用浴巾包裹起来。

❷ 宝宝仰卧,右手食指或中指按住宝宝的耳朵贴到脸上,以防进水。

❸ 先清洗脸部。用小毛巾蘸水，轻拭宝宝的脸颊眼部，由内而外，再由眉心向两侧轻擦前额。

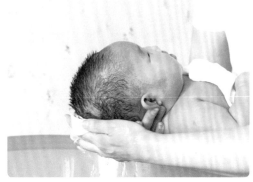

❹ 接下来清洗头。先用水将宝宝的头发弄湿，然后倒少量的婴儿洗发液在手心，搓出泡沫后，轻柔地在宝宝头上揉洗。

❺ 洗净头后，再分别洗颈下、腋下、前胸、后背、双臂和手。由于这些部位十分娇嫩，清洗时注意动作要轻。

❻ 将宝宝倒过来，头顶贴在妈妈胸前，右手托住宝宝上半身，左手用浸水的毛巾先洗小屁屁，最后洗腿和脚。

❼ 洗完后用浴巾把水分擦干，身上涂上润肤油，然后视情况给宝宝做抚触按摩。

宝宝也会皮肤干燥

不是只有大人才会皮肤干燥，新生宝宝也会皮肤干燥，遇到这种情况，可以采取下面的措施预防：

1.可涂些婴儿润肤霜。

2.开加湿器防止皮肤干燥，如果家里空气干燥，不妨在宝宝的房间里放一个喷雾加湿器。

3.保护宝宝免受冷热天气伤害，天气很冷时，一定要给宝宝戴手套，防止小手因寒冷和大风而干裂。

4.缩短洗澡时间。如果平时给宝宝洗30分钟澡，那现在就要缩短到大约10分钟了。另外，洗澡也要避免用香皂，用清水洗对宝宝皮肤最好。

宝宝掉头发怎么办

宝宝的后脑勺，也就是脑袋与枕头接触的地方，出现了一圈头发稀少或没有头发的枕秃现象。这圈小小的不毛之地将宝宝的头部分成了奇怪的"上下两半球"，这让新妈妈们忧心忡忡，百思不得其解。

造成这种现象的主要原因是多汗。宝宝大部分时间躺在床上，头与床面接触的地方容易发热出汗使头部皮肤发痒，宝宝只能通过左右摇晃头部的动作，来"对付"自己后脑勺因出汗而发痒的问题，久而久之，形成枕秃。

为了预防此种现象的发生，妈妈应注意保证宝宝头部的干爽，室温要控制得当，以免温度太高引起宝宝出汗。还要经常带宝宝到户外晒晒太阳，紫外线的照射可以使人体自身合成维生素D，避免缺钙。

"满月头"不剃为好

宝宝转眼间就快满月了，过去的习俗是满月之后要剃"满月头"，认为这样会给宝宝带来福气，会使宝宝的头发变得更黑更浓密。其实剃"满月头"并不能达到这种目的，只会增加宝宝感染细菌的概率。

从医学角度讲，剃胎毛对刚出生的宝宝来说并不合适。另外，宝宝理发一般都是剃光，理发工具消毒不到位，加之宝宝皮肤薄、嫩、抵抗力弱，如果操作不慎，极易损伤头皮，引起感染，如果细菌侵入头发根部破坏了毛囊，不但头发长得不好，反而会弄巧成拙，导致脱发。因此"满月头"还是不剃为好。如果宝宝出生时头发浓密，且正好是炎热的夏季，为防止湿疹，建议将宝宝的头发剪短，但不赞成剃光头。

头发多少无所谓

刚出生时，宝宝头发的多与少，并不能预示着以后头发的多少。有的宝宝出生时头发很多，有的却很少，其实这都没有关系，妈妈不要过于担忧，过段时间宝宝自然就会长出新头发的。

宝宝睡觉时，室温不要太高，以免后脑勺出汗，引起枕秃。

🗒 奶从鼻子呛出

宝宝溢奶或呛奶时，奶汁会从鼻子流出，面对这种情况，新妈妈们要及时采取措施。如果奶水由食道逆流到咽喉部，在吸气的瞬间误入气管，可能造成吸入性肺炎，甚至危及宝宝生命。

1.如果平躺时发生呛奶，应迅速将宝宝脸侧向一边，以免吐出物向后流入咽喉及气管。

2.把手帕缠在手指上伸入宝宝口腔中，将吐、溢出的奶水快速清理出来，以保持呼吸顺畅，然后用棉棒清理宝宝鼻腔。

3.当宝宝憋气不呼吸或脸色变暗时，应让其俯卧在大人膝上或床上，拍打背部四五次，以使其咳出。

4.如果呛奶后宝宝呼吸很顺畅，最好刺激他的脚底板，让他再用力哭一下，以观察哭时的吸氧及吐气动作，看有无异常，如果有异常应及时送往医院。如果宝宝哭声洪亮，中气十足，脸色红润，则表示无大碍。

🗒 要不要给宝宝用安抚奶嘴

到底要不要给宝宝使用安抚奶嘴，这是很多妈妈关心的问题。支持的人有很多，但反对的人也不少。一些妈妈觉得使用安抚奶嘴可以让宝宝乖一些，也有的妈妈认为安抚奶嘴会让宝宝形成依赖，影响嘴唇外观和牙齿发育。那么，宝宝到底该不该用安抚奶嘴？

安抚奶嘴是为了帮助宝宝，而不是为了让爸爸妈妈省事，所以一定要让宝宝自己决定是否使用以及什么时候使用。此外，在宝宝睡前给他一个安抚奶嘴，可以降低宝宝猝死综合征发生的风险。如果宝宝不想使用安抚奶嘴或者奶嘴经常从嘴里掉出来，不要强迫他使用，否则可能影响母乳喂养。

一定要根据宝宝的年龄选择大小合适的奶嘴。购买奶嘴时要认真挑选，奶嘴应该是一个整体，奶头应该柔软。每次给宝宝使用前，要放在沸水里消毒。参考《美国儿科学会育儿百科》(第5版)

竖抱宝宝要用手托住头颈部

现在宝宝颈部和背部的肌肉还不是很有力，无法独立支撑头部，所以竖着抱宝宝的时候，妈妈要一手托住宝宝的屁股，一手护住宝宝的背部和头颈部。而且刚开始竖抱的时间不宜过长，以免宝宝过于劳累，或损伤脊柱。宝宝一般在80天到3个月的时候，才能主动稳住自己的脑袋。而且就算到这个时候，妈妈也要用两只手配合抱，把宝宝的身体稳住，以免"前仰后合"。

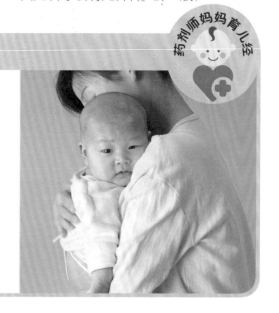

药剂师妈妈育儿经

婴儿期

（1~12 个月）

1~2个月

➕ 第1剂脊髓灰质炎疫苗

宝宝终于满月了，开始进入一个快速成长期，对各种营养的需求也迅速增加，对周围的新鲜世界也越来越好奇，这时候妈妈要用"妈咪腔"回应宝宝，和他(她)一起探索这个新鲜世界，不要觉得自己变幼稚了。

爸爸妈妈小任务

- □ 按时接种疫苗
- □ 产后42天体检
- □ 培养宝宝规律作息
- □ 定期给宝宝剪指甲
- □ 给宝宝清洁口腔
- □ 适当晒太阳
- □ 防止宝宝睡偏头
- □ 亲子游戏

体重测量应该在宝宝空腹、排完大小便、裸体或穿很少衣服的情况下进行，如果不能脱衣服，就应该设法扣除衣服的重量。

◎ 身体发育情况

宝宝在出生后的前半年里，体重增长是比较快的，尤其是1~2个月大的宝宝。发育正常的宝宝，到满月的时候，体重比出生时大约增加1千克，身长增长3~5厘米；而到了满2个月的时候，体重比出生时增加2千克左右，身长也增长5~8厘米。

◎ 能力发展标准

听觉:能辨清爸爸妈妈的声音，能辨别声音的方向，会将头转向发声的地方。

嗅觉:宝宝喜欢妈妈的气息，可以依赖嗅觉本能来分辨事物和场地是否安全。

触觉:宝宝的手指碰到嘴巴会有吮吸动作，会用小手抓衣服、头发、脸。

视觉:宝宝的双眼能够聚焦在一个物体上，眼光会随物体移动，并且显露出对某一幅彩图的偏爱。

语言:宝宝会通过咿呀发音，甚至笑出声音，来表达自己舒适、高兴等感觉，还会逐渐拉长音调以引起爸爸妈妈的注意。

◎ 体格发育标准

项目	体重(千克)	身长(厘米)	头围(厘米)	胸围(厘米)
满2个月	男：4.3~7.1 女：3.9~6.6	男：54.4~62.4 女：53.0~61.1	男：约39.6 女：约38.6	男：约40.0 女：约38.9
测量自家宝宝				

药剂师妈妈说喂养

宝宝每天都在快速发育，吃奶量、喂养方式、所需营养等也会有所变化，妈妈要了解宝宝的生长发育情况和需求，适时补充营养，并在喂养方式上根据专家方案一一调整，这样更利于宝宝的成长。

吃奶需求进入平和期

如果母乳很充足，宝宝在1~2个月将度过一段非常平和的时期。喂奶的次数将和母乳喂养宝宝的生理需求相适应而逐渐确定。食量小的宝宝，白天即使超过3小时也不饿，晚上不需要喂奶的宝宝并不多见，但晚上不喂奶也可以，这样宝宝晚上排便的次数也会相应减少。

如果母乳不足，可以在母乳分泌量少的时候（一般的母亲是在下午4~6点之间），试加一次配方奶。但要注意，不要在吃过母乳之后马上加配方奶。

养成规律的吃奶时间

规律的作息和哺乳时间，对妈妈和宝宝都有好处，妈妈可以逐渐帮助宝宝养成规律的吃奶时间，尤其是起床和睡觉的时间固定后。

奶水清淡并不是没营养

有些妈妈的奶水外观淡淡的，有些像水，但这种乳汁里所含的蛋白质较多，脂肪较少。因此，看起来清淡的奶水实际上反而对提高宝宝的消化吸收能力很有帮助。

如何从混合喂养转为纯母乳喂养

就算是混合喂养，最好也不要用奶瓶喂。混合喂养会让新生儿产生乳头混淆，因为宝宝吃母乳和吃奶瓶用的吸吮方法截然不同。新妈妈要充分发挥乳母的最大化，尽量多喂宝宝，宝宝吸奶的时间越长，次数越多，奶就会越多。让宝宝想吃奶的时候就吃，并相应减少喂配方奶的次数。

妈妈如果母乳不足，可以在下午4~6点的时候，试加一次配方奶。

疫苗接种

正常情况下，在1~2月期间，宝宝需要接种2种计划内疫苗：满月时接种第2剂乙肝疫苗，2月时接种第1剂脊髓灰质炎疫苗。

📋 第1剂脊髓灰质炎疫苗

脊髓灰质炎俗称小儿麻痹症，是由脊髓灰质炎病毒侵入血液循环系统从而引起的急性病毒性传染病。其临床表现多种多样，主要症状是发热、全身不适、严重时肢体疼痛，甚至发生瘫痪等。人是脊髓灰质炎病毒唯一的自然宿主，以粪口感染为主要传播方式，传染性很强。

2个月的宝宝应该接种第1剂脊髓灰质炎疫苗，有两种选择，一种是口服型疫苗（糖丸），另一种是注射型疫苗，两者的免疫效果是相当的，都可以放心选择。

📋 第2剂乙肝疫苗

乙肝疫苗全程共需接种3针，按照0、1、6月的时间程序进行，所以在宝宝满月后需要打第2剂乙肝疫苗。如果宝宝这时候恰好有感冒、发热、咳嗽等情况，就需要适当推迟几天，这是允许的。

📋 黄疸未退能打乙肝疫苗吗

宝宝满月时要接种乙肝疫苗第2剂，医生会发现有些宝宝皮肤黄疸仍然未退。此时要分析，如果宝宝体重、身高增长理想，精神状态也好，大便为黄色，很可能为母乳性黄疸，可以暂停母乳喂养3~5天。如果黄疸明显减退，就可以证实为母乳性黄疸，此时可以注射乙肝疫苗。

如果宝宝精神状态不好，身长、体重增长不理想，很可能是其他器质性疾病引起的黄疸，建议爸爸妈妈带宝宝到医院进一步诊治，而不要盲目给宝宝接种疫苗。

接种脊髓灰质炎疫苗的注意事项

接种反应：只有极少数宝宝服用脊髓灰质炎疫苗后发生一过性腹泻，一般不用治疗。

注意事项：口服型是活疫苗，所以不能加入热开水或热的食物中服用，尽量与母乳喂养隔开2小时（母乳可能含有抗体），以免影响免疫效果。

禁忌：有免疫缺陷症禁服；在接受免疫抑制剂治疗期间禁服；对牛乳及牛乳制品过敏的宝宝禁用口服型疫苗（婴儿肛周脓肿禁服糖丸）；凡发热、腹泻（每日大便超过4次）及患急性传染病期间忌服。

📋 宝宝身体不适还能接种吗

由于疫苗是减毒或灭活的细菌或病毒，接种后会使身体出现微小的"疾病"过程，因此在接种前，宝宝的身体应该处于健康状态。生病期间不能接种疫苗，否则接种后反应较大，效果也可能受到影响。比如宝宝腹泻的时候，就不要接种疫苗，特别是口服疫苗。

一些家长担心错过了规定的接种日期会对宝宝有影响，其实将接种日期稍微延后一两周是完全没有问题的，可以等到宝宝病愈后1周再接种。

📋 等宝宝稍大一些接种才安全吗

有的家长会觉得宝宝还太小，身体不结实，抵抗力比较弱，所以希望等宝宝大一些后再接种，这种想法是不对的。这些家长可能不了解的是，宝宝出生后，先天性免疫（如皮肤屏障、体液抑菌等）与成年人几乎没有差别，而后天获得性免疫（如打乙肝疫苗等）才刚刚起步，需要通过预防接种的方式促进获得性免疫逐渐成熟。所以宝宝要按时接种相关疫苗，如果拖延接种，反而不利于宝宝健康成长发育。

📋 联合疫苗与单独疫苗有什么区别

	单独疫苗	联合疫苗
生产制作	将病原微生物及其代谢产物，用减毒、灭活等方法制成的自动免疫制剂	含有两个或多个活的、灭活的生物体或提纯的抗原，联合配制而成
预防病症	单种传染病	多种疾病或由同一生物体或不同血清型引起的疾病（如A+C群流脑疫苗）
优点	单剂的价格相对较低；很多是计划内疫苗，免费接种	减少接种次数和不良反应的发生率；提高疫苗覆盖率和接种率；防腐剂、添加剂的量比单独疫苗多次累积的少
缺点	需要多次接种，给宝宝和家长带来身体和心理痛苦；增加接种管理困难	自费疫苗，价格比较高

疾病与用药经验谈

宝宝遇到发热、感冒等病症时可别乱用药，应该及时去医院诊治。一般来说，38.5℃以下的低热应该用物理降温的方法退热，如果超过38.5℃，就要在医生的指导下用退热药。宝宝遇到多汗、呕吐等情况时，妈妈也要做好科学的护理工作。

📋 宝宝多汗正常吗

大多数时候宝宝多汗是正常的，也叫"生理性多汗"，如夏天炎热时、活动时。但是如果安静时或者一入睡后就多汗，甚至弄湿枕头、衣服的，可能与疾病有关，这就是"病理性出汗"。除了因体质虚弱而出汗过多外，结核病、佝偻病、甲亢以及内分泌、传染性的疾病等都会引起多汗，此外宝宝过度兴奋、恐惧等也会造成出汗过多。

◎家庭护理

1.如果发现宝宝消瘦、食欲异常，低热、干咳等，就必须到医院检查。

2.体虚宝宝的汗液味淡，健康宝宝的汗液味咸。如果发现小宝宝的汗水有异味，需要及时就医诊断，因为6岁以下宝宝的汗液基本上没有特殊气味。

3.经常给宝宝洗澡、换衣，注意保持皮肤清洁卫生。

📋 发热

1~3个月的宝宝如果发热，多是由于感染引起的，如果宝宝没有其他不适症状，只是体温稍高，爸爸妈妈只要采取适当的护理方法即可，也许在你们的精心照料下，宝宝不用打针吃药就会好起来。

◎物理降温

发热在38.5℃以下建议物理降温，如解开衣扣散热，切忌越发热越捂，甚至棉被包裹，这样"捂"，会使发热更严重。

不能给宝宝用酒精擦浴退热的方法，一般选择温水擦浴，用37℃左右的温水蘸湿毛巾擦宝宝的四肢和前胸后背，使皮肤的温度逐渐降低，这个方法可以加快宝宝的血液循环，从而达到降温的作用，而且让宝宝觉得比较舒服。还可以用稍凉的毛巾(约25℃)擦拭额头及颈部两侧。在进行降温处理时，如果宝宝有手脚发凉、全身发抖、口唇发紫等反应，就要立即停止。

◎服用退热药

当宝宝的体温达到38.5℃以上，建议在医生指导下给宝宝服用退热药物，如泰诺林、美林。因为这个体温超过宝宝的承受能力，对于脑部内环境来说，会影响脑细胞的生存环境。给宝宝服用退热药物的具体细则详见第34页。

📋 宝宝呕吐

如果一天吐了好几次，首先要确认吐的方式，以及其他症状。如果只是吐完一次就马上恢复精神，便没必要担心。如果宝宝不仅呕吐，还伴随腹泻、发热、身体无力、没有精神等，那么则很有可能得了某种疾病。

◎宝宝呕吐的 3 种情况

从嘴巴两侧滴滴答答流出来。一般发生在喝奶之后，原因是奶水喝得太多。如果宝宝体重不减轻，胃口和心情都很好，妈妈就不必太担心。

一下子猛然吐出来。喂完奶后，宝宝无法顺利打嗝，在呼气的同时吐奶，要马上带去医院接受诊治。

像喷水一样猛然吐出来。可能是胃部出口太窄的原因，但患胃部疾病的可能性更大。如果因为呕吐导致营养不良，且体重不增加，应马上到医院接受诊治。

◎宝宝呕吐的护理

把嘴巴周围擦干净。为了预防宝宝再次感到恶心，在宝宝呕吐后，要及时用干净的棉布把宝宝嘴巴周围附近擦干净。

让宝宝侧躺着入睡。不能让宝宝脸部朝上躺着，否则可能会被吐出来的东西堵住口鼻，引发呼吸困难甚至窒息。如果宝宝口中有呕吐的残留物，很可能进入呼吸道，引起呼吸困难，妈妈可以在手指上缠上纱布，抠出宝宝口腔中的残留物，动作要柔软，否则很容易会使宝宝感到恶心。

松开衣服和尿布。为了让宝宝舒服放松地呼吸，要把衣服和尿布松开，但要注意防止着凉。

吐后要慢慢抱起宝宝。在宝宝呕吐后，要帮宝宝换好衣服，将呕吐物收拾干净，然后将宝宝抱起来。由于呕吐可能会让宝宝受到惊吓，因此要好好安慰宝宝。

在宝宝呕吐后，要及时将嘴边的呕吐物擦干净，避免宝宝再次感觉恶心。

睡眠

现在宝宝已经不肯乖乖睡觉和独自睡觉了，由于不同宝宝的差异较大，在白天，一些爱活动的宝宝可能只睡1次。在夜里，有的宝宝会醒来1次，也有的会醒2~3次。这时候就要考验爸爸妈妈的耐心了。

📋 固定宝宝的睡眠有规律

宝宝到了5~6周时，睡觉和觉醒的状态已经有了比较明显的不同。每天会睡16~18小时，其中晚上一次的睡眠时间可延长到4~5个小时，白天觉醒时间逐渐有规律。但也有的宝宝睡眠时间还会更短，这都是正常的。爸爸妈妈要做的，就是帮助宝宝巩固和完善这种规律。比如宝宝晚上睡觉时，喂奶、换纸尿裤也可以在宝宝睡梦中进行。

📋 培养宝宝规律作息

爸爸妈妈可以利用宝宝对环境的反射，排出宝宝的生活规律表，包括饮食、活动、睡眠3项。比如安排的睡眠时间快要到了，就停止宝宝的活动，带宝宝进入固定睡觉的地方。把宝宝放在床上，小小的哭闹不用理会，拍拍他，唱唱歌就行；哭闹大了就抱起哄一下，不哭了再放下。前几天肯定比较麻烦，但只要坚持1周，宝宝就会形成规律，自己入睡。

宝宝规律作息的参考

第2个月的宝宝每天喂奶7次，每次间隔3~3.5小时，活动持续时间为1~1.5小时，全天睡眠共计约16个小时，白天睡3~4次，每次持续1.5~2小时，夜间睡眠10小时左右。

6:00~6:30 起床、换尿布、盥洗、喂奶。

6:30~8:00 活动(视听训练、游戏、被动操等)。

8:00~10:00 换尿布、第1次睡眠。

10:00~10:30 喂奶。

10:30~12:00 活动(视听训练、游戏、锻炼、户外活动)。

12:00~14:00 第2次睡眠。

14:00~14:30 喂奶、喂鱼肝油。

14:30~16:00 活动(视听训练、游戏、锻炼、户外活动)。

16:00~18:00 第3次睡眠。

18:00~18:30 喂奶。

18:30~20:00 活动(视听训练、游戏、锻炼、盥洗)。

20:00~6:00 喂奶、夜间睡眠(22:00、2:00各喂奶一次)。

 护理

2个月的宝宝活泼、可爱了许多，身上肉肉的，爸爸妈妈真是爱不释手。可是在护理宝宝的过程中，爸爸妈妈还会遇到许多问题，一定要用科学的方法对待，如果自己不能解决，就要在第一时间寻求医生的帮助。

📋 产后42天体检：妈妈宝宝都要检查

在产后的42天左右，妈妈就要和宝宝一起去医院进行产后体检。对妈妈的检查主要是了解全身和盆腔器官是否恢复到孕前状态，了解哺乳情况。

对宝宝的检查主要是了解发育情况，而且也是检查疾病的最好时机，如先天性心脏病、髋关节发育不良、早期佝偻病等。医生还会根据宝宝的发育情况，给予一对一的喂养和护理指导。检查主要有常规检查和神经系统检查两大项。

◎ 常规检查

测量身长：应比出生时增长4~5厘米。

测量体重：应该增长1千克左右，通过体重的测量了解宝宝的喂养情况。

测量头围：应该比出生时增长2~3厘米，包括头后囟门的检查。

皮肤检查：看宝宝是否还有黄疸、湿疹以及其他皮肤状况。

心肺检查：看心律、心率、心音、肺部呼吸音是否正常。

脐部检查：检查是否有脐疝、胀气、肝脾有无肿大。

外阴和生殖器检查：检查男宝宝是否有隐睾，女宝宝外阴唇和内阴唇的愈合。

腿部检查：检查分腿的姿势是否正确，双腿长度是否一致。

进一步进行畸形筛查：宝宝刚出生后会有畸形筛查，但是很多异常情况是逐渐表现出来的，比如心脏杂音、生殖器畸形、听力异常等。

◎ 神经系统检查

运动发育能力：竖头——把宝宝扶坐，拉住手臂，使宝宝坐直，看宝宝能否自己通过颈部的力量，将晃动的头部竖直固定住；趴抬头——让宝宝俯卧，看是否能够依靠肩部和颈部的力量，抬起头来。

神经反应行动：行为反射的建立——看宝宝是否能够集中注意力、是否能够注视人、是否能够对喜欢的物体追视；出生反射的消失——例如拥抱反射、觅食反射、握持反射，这些反射应该在宝宝出生后3个月内消退。如果大脑没有得到继续的发育，这些反射就会一直存在。因此，出生反射的消失，是检测大脑发育的一项重要指标。

➕ 接种第1剂百白破疫苗

宝宝的体重和身长在持续快速增长,3个月大的宝宝皮肤细腻,眼睛变得炯炯有神,能够有目的地看某样移动的东西。在语言方面,也能够辨认出发音相近的词汇了。爸爸妈妈的持续监测有助于及时帮助宝宝训练相关的能力。

爸爸妈妈小任务

- □ 按时接种疫苗
- □ 坚持母乳喂养
- □ 多准备几个围嘴
- □ 预防宝宝肥胖
- □ 选择合适的玩具
- □ 仔细选购宝宝护肤品
- □ 掌握给宝宝喂药的技巧
- □ 竖着抱宝宝
- □ 勤清洁宝宝的小手

宝宝刚出生时两手握拳很紧,2个月时握拳姿势才逐渐松开,到了3个月的时候,握持反射消失,宝宝才会有意识地用手抓取物体。

◎ 身体发育情况

3个月大宝宝的精细动作与之前相比有了很大的提高,还常常会吃自己的小手。而且基本上可以稳稳地将头竖起来了。宝宝俯卧抬头的时间越来越长,并且能够把头和肩膀高高地抬起。经常让宝宝做这样的练习,可以使宝宝的肌肉变得更加强壮。

◎ 能力发展标准

视觉:爸爸妈妈拿一张彩色卡片在宝宝眼前移动,宝宝可以做环形追视。

听觉:宝宝听到声响时,会去寻找声源方向,爸爸妈妈可以做相关的训练,以刺激宝宝的听觉发展。

语言:在宝宝高兴的时候,逗引他(她),引导宝宝"一问一答"地发出声音。

运动:爸爸妈妈用玩具逗引宝宝时,宝宝能从仰卧翻身至侧卧。

社会性:宝宝在照镜子或看到爸爸妈妈的时候,会主动笑,表现得很兴奋。

◎ 体格发育标准

项目	体重(千克)	身长(厘米)	头围(厘米)	胸围(厘米)
满3个月	男:5.0~8.0 女:4.5~7.5	男:57.3~65.5 女:55.6~64.0	男:约40.8 女:约39.8	男:约41.3 女:约40.3
测量自家宝宝				

药剂师妈妈说喂养

　　这个月龄的宝宝，母乳仍是主要的食物来源。新妈妈千万不要轻易放弃母乳喂养。如果母乳确实不足，可以采取混合喂养。另外，人工喂养的妈妈也不要太过担心宝宝的成长问题。配方奶是针对宝宝设计的，能满足宝宝成长所需，吃配方奶的宝宝一样很健康。

奶水不足，宝宝又不喝配方奶怎么办

　　一直母乳喂养的宝宝，刚开始添加配方奶时很可能会一口都不喝，妈妈不能硬逼着宝宝，以免宝宝对配方奶产生厌恶。宝宝吸吮妈妈的乳房，不仅仅是获取食物那么简单，更是对妈妈的依赖，喝配方奶就少了那种肌肤相亲的感觉。

　　这个时候，妈妈可在用奶瓶喂奶前亲吻宝宝，多给宝宝安全感，让他适应新的喂养方式。妈妈也可以将有限的母乳挤进奶瓶，用奶瓶来给宝宝喂母乳，以便帮助宝宝过渡到用瓶喝配方奶。

因病不能哺乳时，将乳汁挤出，可以保持乳汁正常分泌。

感冒了还能哺乳吗

　　刚出生不久的宝宝自身带有一定的免疫物质，所以不用过分担心感冒会传给宝宝而不敢喂奶。如果感冒时没有伴随发热的症状，妈妈需多喝水，吃清淡易消化的饮食，注意卫生，勤洗手，少对着宝宝呼吸，可以戴口罩防止传染。同时最好有人帮助照看宝宝，自己能多点时间休息。

　　这期间要保持房间内空气流通，保持适当的温度与湿度。感冒病毒通过空气飞沫传播，所以要勤通风。

什么情况下给配方奶喂养的宝宝喝水

　　只要配方奶调兑的比例合适，6个月以内的宝宝一般不需要额外增加水分。判断宝宝是否缺水，妈妈先观察一下宝宝小便的颜色。如果在没有添加其他营养补充剂的情况下，宝宝的尿液呈透明、微黄，那就没有必要给宝宝再额外补充水分。

　　由于配方奶中蛋白质和钙的含量高于母乳，有些宝宝喝配方奶粉后会出现大便干燥、便秘等问题，这时可以给宝宝适量喝点水，每次喝水不超过10毫升。

疫苗接种

宝宝在3个月大的时候，需要接种第2剂脊髓灰质炎疫苗和第1剂百白破疫苗。百日咳、白喉、破伤风三联疫苗要在宝宝出生后满3、4、6和18个月的时候接种，宝宝6岁时还要接种白破二联的强化疫苗。

第1剂百白破疫苗

百日咳、白喉、破伤风混合疫苗简称百白破疫苗。百日咳、白喉、破伤风是细菌引起的严重疾病，百日咳和白喉会在人群之间传染，破伤风是通过切口或伤口进入体内传染。注射百白破疫苗是预防宝宝出现百日咳、白喉、破伤风的有效方式。

此外，目前已经有了"百日咳+白喉+破伤风+脊髓灰质炎+B型流感嗜血杆菌"五联疫苗，爸爸妈妈如果嫌单独接种太麻烦，就可以给宝宝选择五联疫苗，而且五联疫苗所含的防腐剂、添加剂明显比各单独疫苗之和要少，所以安全性有所提高，但是价格也比较高。

百白破疫苗的接种反应

百白破疫苗分为全细胞吸附和无细胞吸附两种，全细胞吸附的反应稍大一些，引起反应的主要原因是疫苗中含有吸附剂。表现最多的是宝宝出现硬块、发热，但导致严重伤害的风险极小。常见的反应是可能在接种局部出现红肿、疼痛、发痒或有低热、疲倦、头痛等，一般不需特殊处理，就可以自行消退。如果发热超过38.5℃，可以给宝宝服退热药。如果宝宝全身反应较重，应及时到医院进行诊治。无细胞吸附型疫苗在保证免疫效果的同时，降低了接种反应，更具安全性。

接种的注意事项和禁忌

注意事项：由于百白破疫苗是吸附制剂，含有铝佐剂，放置后会出现沉淀，使用时必须充分摇匀。采用肌内注射，局部可能有硬结，可逐步吸收，接种第2剂时就要更换另一侧部位。

禁忌：患有中枢神经系统疾病以及过敏体质的宝宝不能接种。发热、急性疾病和慢性疾病的急性发作期应该缓种，如果宝宝患有轻微的疾病(如感冒)，则不影响接种。接种第1剂或第2剂后，如果出现严重反应(如高热、尖叫、抽搐等)，应停止后续针次的接种。

📋 接种后出现幼儿急疹怎么办

我在儿童医院遇到过好几个宝宝接种疫苗后出现高热，3天后高热得到控制，但宝宝又出现幼儿急疹的例子。这类病例通常在接种了百白破、7价肺炎、麻风腮或水痘疫苗后出现，而在强化接种后，就没有再出现类似的情况。

如果接种疫苗后出现过敏，多是以荨麻疹形式出现的，用抗过敏药会有较好的效果。幼儿急疹是病毒感染引起的，通常是先高热3天，退热的同时出疹，遍及全身，却没有明显的痛痒感，不怕遇水也不怕风吹。这时候不需要特别治疗，一般在3天后就会逐渐消退，宝宝的皮肤上也不留下任何痕迹，也不会有任何后遗症。

宝宝在接种后出现高热，家长往往很着急，不过，如果高热后有出疹，家长悬着的心就可以放下来了，因为这是正常的接种反应，不需要特别诊治。

📋 有惊厥史、癫痫的宝宝可以接种疫苗吗

高热时出现惊厥，绝大多数是与高热有关，被称为"热性惊厥"，但也有高热只是诱因的个别案例。所以出现惊厥后，要及时带宝宝去医院检查，并进行脑电波监测，如果脑电波正常，就可以等病情好转之后接种疫苗。

患有癫痫的宝宝，暂不能接种百白破、乙脑、流脑疫苗，建议推迟。如果康复后没有出现后遗症，就可以接种任何疫苗。

📋 错过接种要不要补

经常会有家长来医院咨询，错过了疫苗接种时间需不需要补种？如何补？其实这个不能一概而论，要分年龄性疫苗和季节性疫苗两种情况。

如果是年龄性疫苗，只要错过时间不太长，就可以补，而且是必须补。原则是按免疫计划程序重新补种，从哪儿开始没打就从哪儿开始补种。如果已经进入某种疫苗的接种阶段中，拖延不超过半个月可以补，时间再长的话，最好从第1剂开始重打。

而季节性的疫苗，补充接种就没有意义了。比如流感疫苗是在秋季打，预防秋季流行性感冒，错过了接种时间即错过了发病期，而且每年的疫苗都是根据前一年监测的病毒类型研制的，每年都不同，所以错过了无需再补。

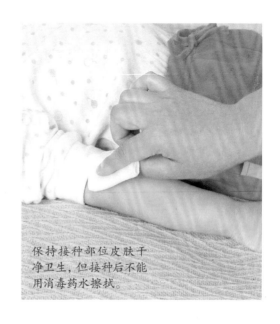

保持接种部位皮肤干净卫生，但接种后不能用消毒药水擦拭。

疾病与用药经验谈

　　宝宝新陈代谢快，皮肤排汗及油脂多，皮肤细嫩，血管丰富，有较强的吸收和通透能力，而且皮肤褶皱处因湿热和相互摩擦，容易造成局部红斑，宝宝就会不舒服。爸爸妈妈要特别注重宝宝的皮肤护理，特别是在炎热的夏季。

📋 皮肤褶烂

　　宝宝的皮肤柔软娇嫩、防御功能差、极易受病菌感染。随着宝宝逐渐长胖，皮肤褶皱处相互摩擦，积汗与分泌物过多，局部热量不能散发，引起充血，导致宝宝会阴部、颈部等褶缝等处皮肤发红、糜烂。

◎ 皮肤褶烂的症状

　　在腋窝、颈部、腹股沟、臀缝、四肢关节屈曲面等皮肤褶皱处，出现发红、糜烂、表皮剥脱，边缘清楚，病变处皮温较高，缝中积液因起化学变化而发生臭味，有时可继发细菌感染。

◎ 预防和治疗

　　妈妈应保证宝宝皮肤褶皱处干爽清洁，宝宝出汗多或炎热季节，要多为宝宝清洗几次，清洗后用干净的纯棉布或干毛巾擦干，可以扑少许婴儿专用爽身粉，防止褶烂的发生，皮肤干后再穿上衣服。

　　宝宝褶皱处已经发红或破溃时，最好不用粉剂药物，这些药物只能起到皮肤干燥的作用。可用温水洗净皮肤破溃处，擦干，轻柔地涂抹适量的鞣酸软膏，每日2次，可起到隔水、干燥及止痛的作用。

保持宝宝皮肤清洁干燥的方法

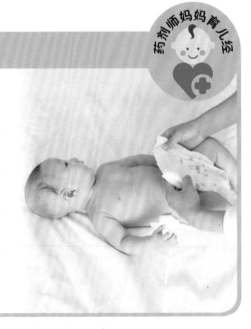

　　1.选用软棉布做尿布，如果用纸尿裤，包裹不宜太紧。

　　2.每天洗澡时，将皮肤褶皱扒开，清洗干净，特别是对肥胖、皮肤褶皱深的宝宝。

　　3.洗澡后更应注意，用柔软的干毛巾将水分吸干，保持皮肤干燥。

　　4.每次大小便后要清洗宝宝的臀部和外阴，并保持皮肤干爽，减少感染机会。

　　5.为防止损伤皮肤，宝宝的衣物应选择平整、柔软、透气性好的棉织品，要宽松、易于穿脱，方便及时更换。

📋 大便溏稀发绿是患肠炎吗

宝宝大便夹杂着奶瓣或者发绿、发稀时，妈妈不要认为宝宝消化不良或者患肠炎了。只要宝宝吃得很好，体重合理增长，腹部不胀，大便中没有过多的水分或便水分离，就不是异常的。

如果宝宝大便溏稀发绿，每次吃奶间隔时间缩短，好像总吃不饱似的。妈妈就可以尝试添加配方奶，如果添加配方奶后宝宝变得安静，并且距离下次吃奶时间长，则证明是母乳不足导致的。

如果大便常规检查异常，医生诊断患有肠炎，再遵医嘱给宝宝服用药物，千万不可自行用药，以免破坏肠道内环境，尤其不能滥用抗生素。

📋 维生素 K 缺乏症

维生素K缺乏症是3个月以内纯母乳喂养而妈妈不爱吃蔬菜的宝宝常会出现的，是由于维生素K缺乏引起的凝血障碍性疾病，该病若是发生于1周内的新生儿则称为新生儿出血症，发生于婴儿期的称为迟发性维生素K缺乏症。

◎ 维生素 K 缺乏症的表现

维生素K不足可导致全身各处出血。轻者皮肤与外界物体碰撞即发乌或起青色，重者口腔、鼻黏膜、胃、肠以及泌尿道等处自发性出血。如果出血部位发生在颅内，可出现生命危险。

◎ 预防方法

1.哺乳妈妈多吃点绿叶蔬菜以及适量的动物内脏等，有利于宝宝从母乳中获得一定量的维生素K。

2.定期带宝宝做检查，一旦发现宝宝有缺乏维生素K的症状，应立即就医，在医生的指导下进行补充。

3.出生时接种维生素K。

给宝宝用药的注意事项

1.遵医嘱用药。因为宝宝的用药量与年龄、体重有关，也与生理特点、病情轻重有关，所以要听医生的。

2.消除宝宝的恐惧心理。让宝宝看着爸爸妈妈先吃点药，宝宝慢慢就会接受。

3.喂药时，不要直接给药丸或药片，应研成粉末，加温水调匀后才能让宝宝服下，吞药片要到4岁左右才可慢慢练习。

4.调和药物一定要用温凉的开水，因为热水会破坏药物成分。

5.喂药时大多不能将药物与乳汁或果汁混合，否则会降低药效，说明书上有注明的除外。

小颗粒的药物也要用温水调匀后喂给宝宝。

 睡眠

3个月的宝宝,晚上的睡眠时间延长,白天还要睡3~4次觉,每天睡眠时间保证在15~17个小时。但情况因不同的宝宝而定,只要宝宝精神好,睡得久一点或短一点都不必太过担心。

宝宝睡不踏实总哭闹怎么办

宝宝睡不好,主要考虑以下几方面:如果是尿了或拉了,就尽快更换干净的纸尿裤;如果是肚子饿了就要及时喂奶;如果是白天已睡够,那就不要让宝宝在白天猛睡;如果宝宝还伴有身体不适,就要及时就诊。如果以上情况都不是,那么妈妈可以试试以下几种方法:

1.枕着妈妈的肚子入睡:让宝宝向下平躺在妈妈的腹部,然后轻揉宝宝背部。

2.边摇晃边哼催眠曲:让宝宝平躺在床上,轻轻摇晃,可轻声唱歌哄宝宝入睡。

3.竖抱着宝宝轻拍背:妈妈竖抱着宝宝,轻拍其背,可用一块布来保护衣服不被宝宝口水浸湿。

4.听和缓的曲子:给宝宝播放在胎儿时期播放的催眠曲或摇篮曲。

宝宝半夜醒来玩

如果宝宝半夜醒来,可能是饿了,或尿了,喂完奶,换过尿布后,宝宝又会呼呼大睡。但是有的宝宝却在喂奶或换过尿布后清醒了,躺在床上能玩一两个小时,没人哄逗还会大哭,这让妈妈很头疼。如果宝宝出现这样的情况,妈妈要及时纠正,到下次晚上喂奶时,不要开灯,不要哄逗宝宝,喂完奶或换好尿布就把宝宝放下,以免形成夜间玩耍的习惯。

此外还应注意是不是宝宝白天睡多了,如果是的话,可以适当缩短宝宝白天的睡觉时间,这样晚上就会睡得安稳多了。

应对"夜猫子"宝宝的妙招

有些宝宝是"小夜猫子",爸爸妈妈想要睡觉的时候,他(她)却清醒得很。爸爸妈妈可以用下面这些方法,试着教宝宝区分白天和夜晚。

1.白天多陪宝宝玩耍。

2.白天吃奶时叫醒他(她)。

3.晚上屋内光线调暗。

4.晚间喂奶时不逗引他(她)。

5.晚间保持周围安静。

6.晚间不跟他(她)多说话。

护理

从这个月起，宝宝的作息会越来越规律，这在很大程度上减轻了新妈妈和家人的辛苦，让他们可以更多享受宝宝带给全家人的欢乐。尽管如此，爸爸妈妈在工作之外，仍然需要倾注大量的精力来呵护宝宝的成长。

不要给宝宝戴手套

手乱抓、不协调活动等探索是宝宝心理、行为能力发展的初级阶段，如果给宝宝戴上了手套，可能会妨碍触觉认知和手的动作能力发展。正确的做法是，每天清洗宝宝的小手，替宝宝勤剪指甲，鼓励宝宝尽情玩耍双手。宝宝在玩耍过程中感觉到手抓脸不舒服，才会懂得"还是不抓好""这是我的脸"。于是，改为用手背蹭脸，渐渐学会拿玩具玩。

围嘴的选择和使用有讲究

不要使用橡胶、塑料或油布做成的围嘴，尤其是较冷的天气或宝宝有皮肤过敏时，最好不要使用。如果使用，最好在这类围嘴的外面罩上一块纯棉布围嘴。

系带式围嘴不要系得太紧，喂完饭或宝宝独自玩耍时，最好不要戴，以免造成意外。围嘴的主要作用是防脏，不要把它当作手帕来使用。揩抹口水、眼泪、鼻涕等最好仍用手帕。换下的围嘴每次清洗后要用开水烫一下，最好能在太阳下曝晒。

给宝宝喂药没那么难

调药：喂药水时先摇匀；喂粉剂、片剂时，可将药用温开水调匀后再喂。

喂药方法：抱起宝宝，采取半卧位，防止药物呛入气管内。如果宝宝一直又哭又闹不肯吃药，爸爸妈妈可以一人用手将宝宝的头固定，另一人左手轻捏住宝宝的下巴，右手拿一小匙，沿着宝宝的嘴角喂入，待其完全咽下后，固定的手才能放开。不要从嘴中间沿着舌头往里喂，因舌尖是味觉最敏感的地方，宝宝会拒绝下咽，哭闹时容易呛着。也不要捏着鼻子喂药，这样容易引起窒息。

选择温和滋润的宝宝护肤品

药剂师妈妈育儿经

宝宝皮肤娇嫩，因此在购买宝宝的护肤品时一定要细心，看清产品的成分。牛奶蛋白、天然植物油或植物提取的护肤品，温和滋润，可有效保护宝宝肌肤。

宝宝沐浴品买时要注意使用期限。如果不是非常需要，不要购买促销或套装产品，以免造成浪费。3个月以内的宝宝，可以不用洗浴清洁用品，而只用清水洗澡。或者洗头发时不用洗发水，直接用洗发沐浴液。但是一定要选用宝宝专用的洗浴用品。

3~4个月

➕ 了解辅食添加相关知识

宝宝的眉眼等五官已经"长开"了，脸色红润而光滑，但身长、体重的增长速度开始减慢。一般来说，这一阶段的宝宝都会翻身了，也能主动抬起头来，甚至还能借助枕头的支撑挺起腰，但还不能练坐。

◎身体发育情况

到了第4个月，宝宝体重增长速度开始下降了，这是个规律性的过程。从第4个月开始，体重平均每月增加500~600克。宝宝的身长平均每月会增长2.5厘米，头围增长较快，全身肌肉丰满，眉眼"长开了"。

◎能力发展标准

视觉:视力范围已达到几米远，喜欢照镜子，而且开始注意一些小东西。爸爸妈妈如果拿着色彩鲜艳的玩具在宝宝面前晃动，他(她)的头也会随着转动。

听觉:听到声音后，头可以顺着响声左右转动180°寻找声源。

语言:越来越爱出声了，能模仿发出"ba""ma""bu"等简单的音。不过宝宝现在还不能把"ba""ma"的发音和爸爸妈妈联系起来。当宝宝发出声音或尝试着说话时，爸爸妈妈要及时做出回应，这会帮助宝宝了解语言的重要性，还会帮助宝宝更好地了解因果关系。

运动:手脚变得很灵活，学会翻身了，变得很好动。

爸爸妈妈小任务

☐了解辅食添加的顺序
☐克服上班对哺乳的影响
☐预防佝偻病
☐给宝宝选择枕头
☐关注宝宝的睡相
☐增强安全防护意识
☐引导宝宝咿呀学语
☐按期接种疫苗

> 4个月大的宝宝能看到几米远的范围，视力约为0.05，到了6个月大的时候，视力会上升到0.06。宝宝直到6岁时，视力发育才接近完善，达到1.0。

◎体格发育标准

项目	体重(千克)	身长(厘米)	头围(厘米)	胸围(厘米)
满4个月	男：5.1~8.5 女：4.9~7.7	男：58.3~69.1 女：56.9~67.1	男：约41.6 女：约40.6	男：约42.3 女：约41.1
测量自家宝宝				

药剂师妈妈说喂养

宝宝4个月大时，消化能力比以前强，胃容量也日渐增大，而且随着月龄增长，宝宝体内铁、维生素等营养元素会相对缺乏。爸爸妈妈要及时了解相关知识，为辅食添加做准备。

添加辅食≠告别母乳和配方奶

宝宝满6个月时，只有及时添加辅食，才能满足成长发育所需的全部营养。但是，添加辅食不等于告别母乳或配方奶。世界卫生组织提倡，母乳喂养最好坚持到2岁，甚至更长时间。如果妈妈给宝宝添加辅食后，就把母乳或配方奶断掉，这等于直接把"辅食"转"正餐"，宝宝发育不完全的肠胃很难完全消化吸收这些辅食的营养成分，甚至可能导致少食、腹泻的发生，时间长了会导致营养不良。

4个月还是6个月添加辅食

世界卫生组织的最新婴儿喂养报告提倡：前6个月纯母乳喂养，6个月以后在母乳喂养的基础上添加辅食。一般来说，纯母乳喂养的宝宝，如果体重增加理想，可以到6个月时添加辅食；人工喂养及混合喂养的宝宝，在宝宝满6个月以后，身体健康的情况下，逐渐开始添加辅食。但具体何时添加辅食，爸爸妈妈应根据宝宝的实际发育状况具体实施。

添加辅食的"小信号"

药剂师妈妈育儿经

随着宝宝慢慢长大，爸爸妈妈会惊喜地发现：大人吃饭时，宝宝会专注地盯着看，口水直流，还直咂嘴，偶尔还会伸手去抓大人送往嘴里的菜；陪宝宝玩的时候，宝宝会时不时把玩具放到嘴巴里，口水把玩具弄得湿湿的。宝宝的这些"小信号"都是在告诉爸爸妈妈：可以试试给我吃辅食啦！

📋 添加辅食前，这些要明白

明确添加目的：添加辅食，是帮助宝宝进行食物品种转移的过程，从以乳类为主食，逐渐过渡到以谷类为主食。

尊重宝宝口味：要从宝宝易吸收、接受的辅食开始添加，逐渐适应，培养宝宝对新鲜食物的兴趣。宝宝有权利选择食品口味，宝宝不吃某种食品，不必强求。

宝宝生病时别添加：添加辅食要在宝宝身体健康、心情愉悦时进行，宝宝患病时，不要尝试添加辅食。

有不良反应时暂停：如宝宝出现了腹泻、呕吐、便秘、厌食等情况，应暂停辅食添加，待宝宝消化功能恢复后再继续。

灵活调整数量和品种：辅食添加要根据宝宝的具体情况，灵活掌握，及时调整辅食的数量和品种。

📋 辅食添加的顺序和原则

◎辅食添加的顺序

满6个月的宝宝在辅食添加上没有严格的先后顺序，第一口辅食吃什么不是非常重要，但最初的辅食要包括富含铁的食物，如强化铁的米粉、肉泥、鱼泥等。可同时尝试果泥、菜泥，让宝宝尝试不同的食物，并逐渐增加辅食的花样。

◎辅食添加的原则

循序渐进，每次添加一种新食物，由少到多，由稀到稠；逐渐增加辅食种类，由泥糊状食物逐渐过渡到固体食物。建议从6月龄开始添加泥糊状辅食（如米糊、菜泥、果泥、蛋黄泥、鱼泥等），7~9月龄时可从泥糊状食物逐渐过渡到可咀嚼的软固体食物（如烂面、碎菜、全蛋、肉末等），

10~12月龄时，大多数宝宝可逐渐转为以进食固体食物为主的膳食。

科学制作辅食要点

食材安全：宝宝的免疫力较弱，在制作辅食前，妈妈一定要确保器具、双手干净，食材新鲜。

温度适当：加热后的食物一定要稍凉后再喂给宝宝，特别是用微波炉加热时，一定要小心，以免食物加热不均匀，烫到宝宝。

浓稠度适当：宝宝的吞咽和消化功能还未发育完全，太干或太黏稠的食物，宝宝很容易被呛到或是噎到。

不要添加调味料：巧妙搭配食物，充分利用食材天然的味道。使用天然、新鲜的食材，不要以成人的口感来添加糖、盐、酱油、炒菜汤汁、味精（鸡精）等调料。这有助于培养宝宝养成清淡的饮食习惯，而且应从宝宝初次接触辅食就要开始注意培养这种饮食习惯。（参考《刘长伟 母乳喂养到辅食添加》）

📋 上班影响哺乳，该怎么克服

准备恢复上班的哺乳妈妈，必然会面临工作和哺乳的时间冲突。这种情况下，妈妈在上班前1~2周就应该开始做准备，这样可以给宝宝一个适应的过程。妈妈可以在正常喂奶后，挤出一部分乳汁储存，让宝宝学习用奶瓶或杯子喝奶，每天1~2次。

等到上班后，就可以当一个自豪的"背奶妈妈"了，工作和喂奶两不误。在上班期间最好不超过3个小时挤1次奶，所有的母乳在注明挤出时间后，再用储奶袋、保温包和蓝冰储存，下班带回家。此外，建议上班后的妈妈每天至少能保证3次哺乳，即下班回家后、晚上临睡前和清晨起床后，这样可以有效刺激乳汁分泌，并尽量延长母乳喂养的时间。

每日排空乳汁可以保证宝宝在家能有充足的母乳吃。而且挤奶的动作与宝宝吮吸有异曲同工之妙，可以刺激乳腺分泌更多的乳汁。每日宝宝吃奶加挤奶的总次数不要低于8次。

📋 母乳储存先冷藏再冷冻

挤出的母乳要先冷藏，然后再冷冻。母乳在普通冰箱冷冻室中可冷冻保鲜1~2周，在无霜冰箱中，冷冻室恒温在零下18℃左右可冷冻保鲜3~6个月。冷冻保鲜的奶每次的量要少，以减少浪费且容易解冻。储存袋中的母乳最好装3/4，以留有膨胀空间，并要标明存放日期，要给宝宝先吃早存的奶。宝宝吃完奶后，要把剩下的奶倒掉，超过保鲜期的奶也要扔掉。

不宜用微波炉加热母乳

无论是放在冰箱冷冻室还是冷藏室里的母乳，都不宜用微波炉解冻和加热，因为那样会破坏母乳里的活性成分和部分营养物质。冷藏室里的母乳取出后，可以放在温热的水里加热，也可以使用奶瓶或食物加热器，加温到40℃左右（加热器通常都有加热刻度指示线）即可。

保存在冷冻室里的母乳，要先放到冷藏室里自然化冻，然后再同冷藏室保存的母乳一样温水加热。提醒妈妈要特别注意的是，解冻后加热过的母乳，如果宝宝没喝完，是不可以重新放回冷藏室或冷冻室里保存的，而应该倒掉。

用加热器加热母乳时，把温度调到40℃左右即可。

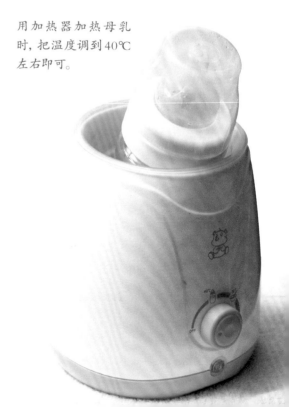

疾病与用药经验谈

这个月龄段的宝宝可能会因为提早添加辅食或抵抗力下降等原因，容易出现这样或那样的胃肠道问题及营养问题，爸爸妈妈要做好预防工作，不要过早添加辅食，在宝宝患病时也要做到科学护理，不手忙脚乱。

📋 肠套叠

4~10个月大的宝宝最易患上肠套叠。所谓肠套叠，是指肠管的一部分套入另一部分内，形成肠梗阻。如果压迫时间过长，超过48小时，就会使套入的肠管血液循环受阻，所以，爸爸妈妈要学会辨别，不能遇到宝宝哭闹只是在哄。

◎怎么辨别肠套叠

1.阵发性腹部绞痛。肠套叠造成肠管部分阻塞时，会产生阵发性腹部绞痛，宝宝会变得躁动不安、双腿屈曲、有阵发性啼哭，有时还伴有面色苍白、额头冒冷汗等特征。

2.宝宝会因为疼痛而呕吐、大声哭闹。当阵发性疼痛过后，宝宝又开始笑闹、玩耍，甚至可以安静地入睡。可是过不了多久，宝宝又会因为疼痛而大声哭闹、呕吐，并且很难安抚。这种情况会有规律地出现，并且间隔越来越短。

3.腹部出现肿块。宝宝哭闹时，如果给宝宝揉肚子，在宝宝的右上腹或右中腹，可能会摸到一个有弹性、略可活动的腊肠样肿块。

4.血便。肠套叠时间长，宝宝会排出血便。在发病初期，宝宝排便还正常，但随着套住的时间加长，就可能排出血便，这时要及早就医。

◎出现肠套叠该怎么办

肠套叠虽然来势凶猛，但如果爸爸妈妈能及时发现并治疗，效果还是比较好的。这期间，有一些问题需要爸爸妈妈特别注意。

1.在送宝宝去医院的途中，不要给宝宝吃奶和喂水，以减轻胃肠内的压力。

2.宝宝如果出现呕吐，应将宝宝的头转向一边，让其吐出，以免呕吐物吸入呼吸道引起窒息。

3.宝宝疼痛哭闹时，在明确病因之前，切勿使用止痛药，以免掩盖症状，影响医生的诊断，贻误病情。

4.治疗后仍有复发的可能性，所以日常护理需要格外注意。关注宝宝的饮食卫生；注意保暖，保护腹部勿受寒冻；积极配合医生的后续治疗措施。

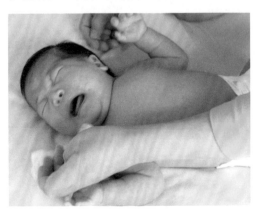

📋 腹泻

宝宝腹泻的主要原因是轮状病毒和肠病毒的感染。如果只是大便稀，而大便次数和量不太多，没有发热、呕吐等症状，可以在家护理和观察。但是，如果有发热、呕吐、持续水样便、便中带血等症状，则需马上就医。

◎家庭护理

1.已经添加辅食的宝宝，可以暂停辅食，只吃母乳或配方奶。待宝宝消化功能恢复正常半个月后，再添加辅食。

2.注意腹部的保暖，如果在冬季，可以用热水袋保暖，但要注意防止烫伤。

3.及时补充水分，如果呕吐次数较多或小便次数及量明显减少，应及时就医。

4.保持宝宝小手的卫生，每次便后用温水冲洗宝宝的小屁股。

📋 防治佝偻病

佝偻病又称维生素D缺乏性佝偻病，是宝宝因缺乏维生素D，钙不能被吸收，使钙磷代谢失常而产生的骨骼病变。容易患佝偻病的主要有早产儿和出生体重较低（低于3千克）的宝宝、孕期和哺乳期缺钙的妈妈所生的宝宝、生长发育过快的宝宝、吃奶少的宝宝。所以要及时做好防治工作。

1.根据2015年中国卫生和计划生育委员会公布的《0~6岁儿童健康管理技术规范》，为预防维生素D缺乏性佝偻病，纯母乳喂养的新生儿出生后数天即可开始口服维生素D，每天400~500国际单位。早产儿、双（多）胞胎宝宝出生后加服维生素D，每天800~1000国际单位，3个月后改为400~500国际单位。

2.母乳中没有足够量的维生素D，可能造成宝宝维生素D摄入不足，导致佝偻病。太阳光线照射皮肤可以刺激维生素D的合成，但是宝宝对紫外线辐射特别脆弱，爸爸妈妈应采取特别护理。12个月以下的宝宝应一直待在阴凉处；夏季给宝宝晒太阳一般要选择在上午8点或下午5点左右；其他季节里，还是要注意不能抱宝宝在强烈的阳光下活动。妈妈还要记得给宝宝戴好小帽子，防止阳光直接照射宝宝的眼睛，损伤宝宝的眼角膜和视神经。

3.佝偻病应该在宝宝有早期症状时就马上进行治疗。带宝宝定期检查维生素D数值，可预防佝偻病。

睡眠

4个月的宝宝, 晚上睡眠时间延长, 夜间的连续睡眠能达到5小时左右, 白天大约能睡3次, 每次2~3小时, 每天能睡15~16小时。但每个宝宝具体睡眠时间的长短不同, 只要白天有精神, 没有其他异常, 爸爸妈妈就不用担心。

📋 睡前别让宝宝太兴奋

睡前宝宝不能过于兴奋。在宝宝入睡前半小时, 应让宝宝安静下来, 更不要过分逗弄宝宝。建议在宝宝睡前, 先将室内的光线调得暗些, 让宝宝知道, 现在是睡觉的时间了, 放点轻柔的音乐。在宝宝睡着以前, 不要发出太响的声音。宝宝不肯睡时妈妈不要抱着哄, 应该放在婴儿床上, 抚摸、轻拍哄睡就可以。

📋 异常睡相要注意

正常情况下, 宝宝睡眠时安静、舒坦, 天热时头部微汗, 呼吸均匀无声。宝宝的睡相, 通常会反应宝宝的某些信息, 如果宝宝患病, 睡眠就会出现异常。

1.烦躁啼哭, 入睡后全身干涩, 呼吸粗重急速, 预示发热即将来临。

2.入睡后撩衣蹬被, 口唇发红、手脚心发热, 中医认为这是阴虚肺热所致, 预示肺部可能出现问题。

3.入睡后翻来覆去, 反复折腾, 伴有口臭, 腹部胀满, 多是消化不良的缘故。

📋 宝宝夜间醒来, 妈妈不要过于关注

不要与宝宝玩耍: 宝宝夜晚醒来时, 和他(她)玩耍或进行午夜亲子互动, 这样做不利于宝宝再次入睡, 也容易改变睡眠规律, 不利于形成良好的睡眠习惯。

不要和宝宝说话: 当宝宝夜晚醒着时, 如果不停地和他(她)说话, 这同样会令宝宝更加兴奋, 难以入睡。

宝宝是在做梦吗

宝宝有时睡觉的时候虽然闭着眼睛, 但脸上表情丰富, 一会儿微笑, 一会儿皱眉, 一会儿又撅嘴或做怪相, 有时候还会四肢伸展, 发出哼哼声。这种情况说明宝宝是在做梦。做梦标志着宝宝大脑的发展和构建, 对于宝宝来说, 这是一件好事情。

 护理

这个阶段的宝宝，运动更加活跃了，头部已经能完全挺直并能灵活转动了。爸爸妈妈应在日常生活的各方面适当安排，如选择合适的枕头，以免睡偏头；爱吃手的宝宝要经常洗手；宝宝口水多了，常常会淹红下巴，要围上围嘴等。

宝宝下巴被口水淹红了怎么办

到了4个月，宝宝唾液分泌会明显增多。但宝宝口腔容积相对较小，吞咽调节功能发育还不完善，因此会出现口水外流。如果再赶上宝宝的出牙期，口水还会更多。因为乳牙萌出时顶出牙龈，会引起牙龈组织轻度肿胀不适，刺激牙龈上的神经，也可激发唾液腺反射性地分泌增加。宝宝的口水流得多了，有时候会把下巴淹红，爸妈应该学一学如何预防。

1.及时用质地柔软、吸水性强的手帕轻轻擦干宝宝外溢的口水。

2.常用温水洗净口水流到处，然后涂上宝宝专用面霜，保护皮肤。

3.给宝宝围上围嘴，防止口水弄脏衣服。可以多准备几条围嘴换着用。

4.宝宝的上衣、枕头、被褥常常被口水沾湿，要勤洗勤晒，以免滋生细菌。

要不要给宝宝穿鞋

在宝宝尚未学走路前，没有必要给宝宝穿鞋，虽然有时小脚丫摸起来凉凉的，但是光着脚没有多大影响。当宝宝能站立和行走后，光脚同样有很多好处。宝宝的脚底生来是平的，随着大运动的不断发展，腿部及脚掌部位肌肉的力量就会相应得到加强，必然会促使宝宝的足内侧缘抬起而将体重放在足外侧上，这样足弓就自然而然地形成了。

在安全的前提下，现在让宝宝继续光脚，脚底得到丰富的刺激，不但有利于足弓的形成，更有利于全身的健康发展。

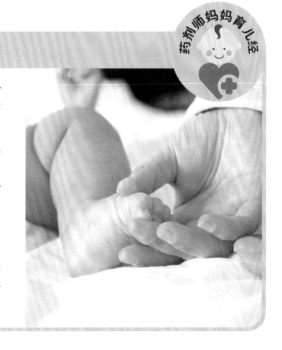

药剂师妈妈育儿经

不必干预宝宝"吃手"

吃手是宝宝发育过程中的正常表现，不要把这看作是不良习惯而加以限制，也不要认为这是宝宝没有吃饱，或由于宝宝缺乏爸爸妈妈的关照而感到孤独的表现。只有宝宝到了1岁以后还吃手，这才是"吮指癖"。宝宝长大出现"吮指癖"，这和妈妈在宝宝婴儿期没有干预其吮指没有直接的因果关系。

增强安全防护意识

随着宝宝活动能力增强，妈妈要提高警惕性，尤其是洗澡的时候，抹上浴液，宝宝滑滑的，一不小心就可能摔倒，要注意安全防护。另外，宝宝现在已经会翻身、会打滚，所以不要留宝宝一个人在房间里，宝宝睡觉时也要留心。

常带宝宝晒太阳

宝宝从满月之后就开始晒太阳，晒太阳的时间随宝宝年龄的增长可逐步延长，要循序渐进。如果天气好，每日晒太阳时间应该不少于1小时，可以在上午、下午各1次。带宝宝晒太阳，要避开室外空气不好的时段和光照强烈的时段，尽量选择空气好、不吵闹的庭院或小区楼下等。

夏天晒太阳时要给宝宝戴一顶带帽沿的小帽子，抵挡阳光中紫外线的伤害，并起到保护宝宝视网膜的作用；冬天则要注意保暖。

患有佝偻病或营养不良的宝宝，应先服一段时间的维生素D制剂再接受日晒，以防在晒太阳时出现抽搐。

简单实用的防蚊妙招

注意室内清洁卫生，定期打扫，不留卫生死角，不给蚊虫以藏身繁衍之地；开窗通风时不要忘记用纱窗做屏障，防止各种蚊虫飞入；在暖气罩、卫生间角落等房间死角定期喷洒杀蚊虫的药剂，最好在宝宝不在的时候喷洒，并注意通风。

蚊帐、宝宝驱蚊水、婴儿花露水是驱蚊好帮手。夜间宝宝睡觉时，为了让宝宝享受酣畅的睡眠，夏季可以给他的小床配上一盏透气性较好的蚊帐；还可以在宝宝身上涂抹适量驱蚊水；睡觉前沐浴时可以在宝宝的大盆里滴上适量婴儿花露水，使宝宝洗澡后肌肤上留有花露水的味道，对驱散蚊虫也有一定帮助。

妈妈带宝宝外出时要避开蚊虫多的地方。外出时尽量让宝宝穿长袖衣裤，最好不要去草丛、花丛、树林等蚊虫较多的地方。

📋 宝宝倒睫要干预吗

有时父母发现宝宝在睡醒觉或早晨起床后，内眼角或外眼角粘有眼屎，而且眼睛里泪汪汪的。仔细一看发现，宝宝下眼睑的睫毛倒向眼内，触到了眼球，这种现象叫倒睫。造成宝宝倒睫的原因，主要是由于宝宝的脸蛋较胖，脂肪丰满，使下眼睑倒向眼睛的内侧而出现倒睫。当睫毛倒向眼内时刺激了角膜，就会导致宝宝出眼屎和流眼泪。一般情况下，过了5个月，随着宝宝的面部变得立体起来，倒睫也就自然痊愈了，平时做好护理即可。

📋 宝宝哭时脸色发黑怎么回事

宝宝大哭时脸色黑紫是正常的。因为脸上的颜色取决于血液中含氧量的多少，氧含量高脸色显得红润，反之则显得暗淡。当宝宝大哭时，拖长了呼气时间，吸气时间变得非常短，因而只有很少的氧气进到血液中。同时，身体由于剧烈哭泣而消耗氧的量比平常更多，这些导致了血液中的氧含量锐减，所以宝宝的脸色变得黑紫。这时，妈妈要及时采取措施安抚宝宝，避免宝宝哭个不停。

需要给宝宝把尿、把便吗

在宝宝的神经发育过程中，使膀胱能够控制尿意大概在接近2岁时才能够形成，所以，过早地训练宝宝控制小便是一件既不符合生理发育，又没有效果的事情。

小宝宝还处于随意大小便的阶段，妈妈不要过早在这方面投入精力，即便有的宝宝在妈妈发出"嘘嘘"时就会排尿，也不过是建立了相关的条件反射，不是真正意义上地、自由地、有控制地排尿或排便。

宝宝神经系统发育不完善，过早把尿、训练大小便对宝宝不利。宝宝的自尊心会因他认为父母会对他不能控制的错误不高兴而受到伤害，不利于早期亲子依恋关系的建立；宝宝情绪反感、拒绝的后果可能会导致便秘的发生；过于频繁地把尿可能会造成宝宝尿频；过长时间让宝宝控便，可能会增加脱肛的危险。宝宝最早也要在1周岁半以后才能告诉大人自己想大小便，一般是在1~2周岁才开始白天不用尿布。

不要过早训练宝宝控制小便，因为那样既不符合宝宝的生理发育特点，也没有效果。

4~5个月

✚ 尊重宝宝的"生物钟"

5个月大的宝宝,活动能力进一步增强了。宝宝的头已经可以竖得很好了,还可能会转头,看看两边的东西。如果妈妈托住宝宝的腋下,把脚放在妈妈的腿上,宝宝会高兴地跳跃。

爸爸妈妈小任务

☐ 做好持续的成长监测
☐ 形成固定的睡前程序
☐ 训练宝宝自己拿奶瓶
☐ 了解辅食添加知识
☐ 宝宝出牙期护理
☐ 缓解宝宝分离焦虑
☐ 别过早练习宝宝坐和站

准确测宝宝头围:用带毫米刻度的软尺,从宝宝眉弓上缘开始,绕过耳上方,再经过枕骨凸隆最高处,回到起始点,软尺要紧贴头皮。

◎ 身体发育情况

这个月宝宝的平均身高会增加2.5厘米,平均体重增加500~600克。宝宝的头围增长速度开始放缓,平均每个月增长1.0厘米,但不同的宝宝可能会有个体差异,只要差别不是很明显,都是正常的现象。

◎ 能力发展标准

视觉:宝宝会长时间地盯着各种颜色的东西看,而且能区分相近的颜色。当妈妈拿着色彩鲜艳的玩具在宝宝面前晃动时,宝宝的头也会随着玩具动来动去。

听觉:宝宝能够辨认出声音是从什么地方来的了,一听到新的声音,就会迅速地把头转过去。能积极地听音乐,并且会随着音乐的旋律扭动身体。

运动:靠着能坐稳,俯卧时在前臂的支撑下能抬起胸,能顺利翻身。抓东西的欲望越来越强烈,身边能够得到的东西,都要用小手去抓一抓。

社会性:喜欢和爸爸妈妈玩游戏,喜欢照镜子,对镜子里的那个人很感兴趣,但还不知道那是自己。

◎ 体格发育标准

项目	体重(千克)	身长(厘米)	头围(厘米)	胸围(厘米)
满5个月	男:5.3~9.2 女:5.0~8.4	男:61.7~70.1 女:59.6~68.5	男:约43.0 女:约42.1	男:约42.9 女:约41.9
测量自家宝宝				

药剂师妈妈说喂养

5个月的宝宝每次吃奶量大，吃奶次数有所减少，妈妈可以调整喂奶时间，以使自己休息好、睡好。纯母乳喂养的宝宝6个月前不需要添加辅食；人工喂养和混合喂养的宝宝，可以尝尝母乳或配方奶以外的食物了。

每天吃奶不超过 1000 毫升

人工喂养的宝宝在5~6个月大的时候，每次吃奶量200~250毫升，每天不超过1000毫升。6~9个月的宝宝每次喝奶200~250毫升，每天从4顿奶改为3顿，辅食从代替半顿到代替1顿奶。9~12个月的宝宝全天吃奶次数从3次减为2次，每次250毫升。

第 1 口辅食：强化铁且不过敏

首次给宝宝添加辅食，很多妈妈都不知道应该选择什么作为宝宝的"第1口"。其实，选择标准很简单：强化铁且不过敏。

宝宝在6个月以前不易贫血，这是因为在出生前妈妈已给宝宝储备了头3~4个月生长所需的铁。而6个月后宝宝要从食物中摄入铁，如果食物中含铁量不足，就会发生贫血。

所以，6个月以后的宝宝，必须有规律地添加辅食来补铁，其中，强化铁的婴儿米粉是一个很好的选择。除了富含铁元素且营养全面之外，米粉引发过敏的概率也很低，因此特别适合作为宝宝的第一口辅食。

训练宝宝握奶瓶

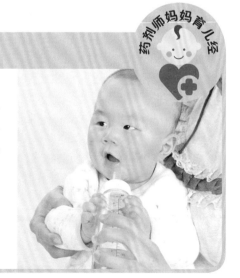

5个月的宝宝手的抓握能力已有初步发展，把带有手柄的玩具放到他手中，可以拿着玩一会儿。为了锻炼宝宝的抓握能力，也为了培养宝宝的独立性，此时妈妈可以训练宝宝握奶瓶喝奶。

妈妈用奶瓶喂宝宝喝奶或喝水时，可用手扶着奶瓶的底端，让宝宝双手握在奶瓶的中间部位，往嘴里送奶嘴。妈妈扶奶瓶的主要目的是为了掌握奶瓶的倾斜度，以控制奶水的流量。

药剂师妈妈育儿经

自制辅食和市售辅食哪个好

市售辅食最大的优点就是方便，无需费时制作，而且花样繁多，有多种口味。市售辅食营养全面且易于吸收，能充分满足宝宝的营养需求。但是，市售辅食在新鲜度上总不及自制辅食，而且毕竟只是一种过渡食品，只能满足宝宝一段时间的营养需要。

自制辅食的最大优点是新鲜，而且爸爸妈妈在制作辅食的过程中，能够更深刻地体会到为人父母的那份幸福，也加深了亲子之间的感情。但是，自制辅食如果不注意科学搭配和合理烹调，容易出现营养素流失过多、营养搭配不合理的情况，这对宝宝的健康成长同样不利。

总之，无论是市售辅食还是自制辅食，只有营养丰富、吸收良好的辅食才能更好地促进宝宝健康成长。

1 岁以内的宝宝不吃盐

1岁以内的宝宝通过母乳或是配方奶摄取的钠已经可以满足自身需求，所以辅食不需要再加盐了。宝宝的肾脏功能发育不完全，过多的盐、糖等调料会增加肝脏负担，不利于宝宝的健康。另外宝宝的味觉正处于发育过程中，虽然宝宝现在还尝不出辅食的味道，但是这些调味品依然会对宝宝的味觉发育产生影响。

添加辅食，宝宝不配合怎么办

有的宝宝一开始接触某种辅食，会出于自我保护的本能拒绝进食，例如看到勺子就躲、将嘴巴抿紧或用舌头将吃到嘴里的食物顶出来。这是因为宝宝没有尝过这些食物，不习惯这些食物的味道，所以就会非常警惕，这并不表示宝宝不接受这些食物。

对于这种情况，妈妈不要强迫宝宝进食，否则会引起宝宝的反感，不妨过一两天再次尝试。有的宝宝经过多次甚至十几次的尝试，才能逐渐接受新的食物、新的味道，所以妈妈一定要有充分的心理准备和足够的耐心。另外，妈妈也可以尝试将宝宝熟悉的味道加在新添的辅食中。

怎么判断宝宝是否适应辅食

主要是看大便，如果便次、性状没有特殊改变，即为适应，此外还可以看宝宝的精神状态、有没有呕吐及对食物的兴趣等。千万不要因为宝宝第一次接触食物表现出来不喜欢的表情，妈妈就认为不适应辅食，这只是宝宝没有适应食物性状和味道，因为毕竟辅食不同于宝宝已经习惯的母乳或配方奶。

第一次给宝宝尝试婴儿米粉，只需1~2勺就可以，应该用70℃左右的水冲调。

宝宝吃辅食后腹泻怎么办

宝宝出现腹泻时，应及时到医院进行诊治，排除受细菌感染的可能，因为宝宝腹泻大多数都是喂养不当引起的。

母乳喂养的宝宝，不必停止喂养，只需在医生认为必要的时候增加一些口服补盐液就可以了。

人工喂养或混合喂养的宝宝，在腹泻好转起来之前，应该将配方奶多加1倍的水来冲调，以保证配方奶被充分稀释（冲调方法在日常的配方奶量中加比平时多1倍的水）。这样喂养几顿之后，就可以恢复正常冲调了。随着腹泻好转，可以吃些清淡辅食。

苹果泥虽然有助于治疗腹泻，但不宜给宝宝长期食用。

如何避免辅食和母乳"打架"

辅食之所以称为"辅"食，正因为它是辅助母乳的食品。宝宝在1岁之前，母乳仍是主要食物和营养来源。妈妈的乳汁都是为宝宝"私人定制"的，会随着宝宝的成长而变化，来满足宝宝不同时期的不同需要。

在辅食添加阶段，母乳并不会干扰辅食中营养的吸收。随着宝宝月龄的增加，母乳的成分也会有一定的变化。宝宝到了该加辅食的阶段，就要及时添加辅食。但并不是说宝宝能吃辅食了，就不给宝宝吃母乳了。也有部分宝宝过分依赖母乳，到了9个月仍然依赖母乳而不肯吃辅食。过犹不及，在喂养频率和喂养时间上，妈妈一定要根据宝宝的发育特征制定个性化的喂养方案。（参考《刘长伟 母乳喂养到辅食添加》）

白开水最适合宝宝

给宝宝最好的饮料就是白开水，其他饮料都会对宝宝胃部产生刺激，破坏胃液原有的平衡。在宝宝喂奶前半小时让宝宝喝少量水，可以增加口腔内唾液的分泌，有助于消化，但马上要喂奶时，就不要再喂水了。睡前也不要让宝宝喝水，否则会增加夜尿次数，宝宝和妈妈都睡不好。

疾病与用药经验谈

随着宝宝体内来自于母体的抗体水平逐渐下降，而其自身合成抗体的能力又很差，因此，宝宝抵抗感染性疾病的能力开始逐渐下降，容易患各种疾病，这时要增强宝宝体质，提高宝宝抵抗疾病的能力。

免疫力下降要防病

给宝宝喂奶和辅食，要保证营养充足均衡，特别要保证蛋白质、维生素、铁等的摄入量，获得充足的营养，增强抵抗力。

每天至少进行2小时以上的户外活动，让宝宝适应天气的变化；养成良好的卫生习惯，并注意天气变化，适时添减衣服。按照免疫程序，定时进行预防接种。

预防秋季腹泻

秋季腹泻属于病毒性腹泻，以2岁以下宝宝居多。开始多有发烧、咳嗽、流涕等上呼吸道感染症状，大便呈水样或蛋花汤样，为白色或浅黄色，常有黏液，无腥臭味。病程一般为4~7天，最长可达3周。

1.坚持母乳喂养。母乳中的免疫性物质可以抵御病原微生物的侵入，使宝宝不易发生腹泻及消化道疾病。

2.注意宝宝食物及餐具的清洁卫生，餐具要每天煮沸消毒1次。

3.注意桌面、地面、宝宝玩具的消毒，宝宝的衣服、床上用品要常清洗。

4.不要嚼饭给宝宝吃，他人口腔中的正常细菌都有可能成为伤害宝宝的致病菌，给宝宝喂辅食要用专用的餐具。

5.接种轮状病毒疫苗是理想而经济有效的预防方法，保护率在90%以上。

6.避免让宝宝接触其他患腹泻的宝宝。

止泻药不能止住所有的腹泻

当宝宝出现腹泻时，不要仅仅盯住止泻药，换了一种又一种，药吃了一大堆，不但白白花钱，宝宝还受罪。腹泻时间长了，宝宝就会很快消瘦下去，出现营养不良、抵抗力下降的状况，易患其他疾病。宝宝腹泻时，家长不能自行使用止泻药，一定要听从医生的指导。

6个月以后的宝宝出现腹泻，爸爸妈妈除了选择止泻药外，还应该注重辅食在止泻中的作用，苹果泥含有果胶和鞣酸，有吸附、收敛、止泻的作用，但不宜长时间食用。

急性胃肠炎

急性胃肠炎是一种常见的消化道疾病。婴幼儿胃肠道功能比较差，对外界感染的抵抗力低，稍有不当就容易发病。发病后会有不同程度的发热、腹泻、呕吐等现象，容易造成脱水。

◎急性胃肠炎表现有轻重

根据症状严重程度的不同，急性胃肠炎一般分为轻度、中度和重度三个层级。

轻度胃肠炎：一般状况良好，每天大便在10次以下，为黄色或黄绿色，少量黏液或呈白色皂块，粪质不多，有时大便呈"蛋花汤样"。

中度胃肠炎：一天大便次数超过10次，大便为水样、糊状、带有细菌性黏液、脓或血液。全身出现脱水现象，伴有高热、昏睡要及时补水和就医。

重度胃肠炎：一天大便在15次以上，水样大便喷射而出，有重度脱水现象，即皮肤干燥、眼圈发黑，此外可出现呼吸不畅、半昏迷等状态。爸爸妈妈一定要及时给宝宝补水并就医。

◎找准病因对症下药

急性肠胃炎的治疗主要是病因治疗和对症治疗，就是说，急性胃肠炎是由什么原因引起的，一定要设法查出病因并及时消除这个病根子。

急性胃肠炎如果是由消化不良引起的，可以调整饮食，多吃易消化的辅食；如果是由身体的其他疾病引起的，就积极治疗疾病；如果是不合理使用抗生素引起的，必须及时请教医生，停用抗生素。

哺乳妈妈应少吃含有大量脂肪的食物，在喂奶前多喝水，使奶稀释，有利于宝宝的消化；配方奶喂养的宝宝，在腹泻时，不要添加新的辅助食品。当宝宝腹泻较重时，要停止喂配方奶，禁食6~8小时。如果宝宝出现尿少、口渴、唇干等问题，应饮用口服补液盐III（ORS III）或糖盐水。

预防暑热症要勤给宝宝喂水

夏季天气炎热，出汗、排泄让宝宝流失大量水分，机体正常生理活动受阻，体温就会突然升高到39~40℃，并伴有口唇干燥、哭闹不安等表现，这就是"暑热症"。

所以夏季要做好降温措施：宝宝穿衣要适宜，以免出汗太多造成水分流失；勤洗澡，勤喂水，预防发生脱水热。一旦发现宝宝出现脱水热，可先松开衣服，用温水擦拭身体并喂以晾温的白开水，一般24小时内能够退热。如果没能退热，或有其他反常现象，需立刻去医院诊治。

 **睡眠**

本月的宝宝能区分白天和黑夜了。每天睡觉的总量为14~16个小时，但不同宝宝也存在差异。一些妈妈可能会开始训练宝宝睡一整晚觉，如果宝宝很容易就能做到也没问题，如果不能，也不必勉强。

尊重宝宝自身的"生物钟"

宝宝的身体本身就有自己的规律性，知道何时睡觉何时醒来，这就是"生物钟"。爸爸妈妈要做的就是了解宝宝自身的规律并根据具体的季节变化，制订适合宝宝的活动日程和作息时间，然后，和宝宝一起认真地执行这个计划。如果没有什么特别的事情，宝宝的睡觉和起床时间最好由他（她）自己决定，不要拘泥于爸爸妈妈的意愿或者其他权威的建议。"日出而作，日落而息"，宝宝喜欢遵循大自然的安排。"日日睡到自然醒"是人生一大幸福，不要轻易让宝宝失去它。

开始形成一套睡前程序

如果爸爸妈妈还没有这样做，那么现在也是开始建立一套睡前程序的好时机。睡前程序可以包括以下部分（或全部）内容：给宝宝洗个澡、换新尿布准备睡觉、给宝宝唱一支摇篮曲、亲吻宝宝道晚安。任何适合你家庭情况的睡前程序都可以。只要爸爸妈妈坚持每天在同一时间、以同样顺序完成，就能让宝宝逐渐形成一套睡前程序。睡前程序的确立，不仅有助于帮助宝宝养成良好的睡眠习惯，对以后宝宝其他生活规律的形成也有很大帮助。

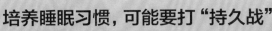

培养睡眠习惯，可能要打"持久战"

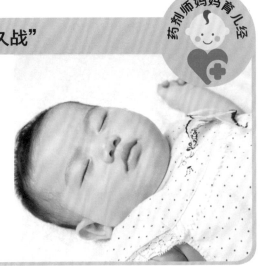

大多数宝宝睡眠习惯的建立需要很长一段时间，可能表现得时好时坏，爸爸妈妈千万不要奢望宝宝马上就能整夜地独自睡觉，不再打扰自己。特别是在一些特殊的时期，如长牙、疾病、环境及看护人的改变等情况下，很有可能打乱宝宝的睡眠规律，妈妈对此要有充分的思想准备。

Tips

睡袋要宽敞

为防止宝宝踢被子而用睡袋，一定要选宽敞的，以免影响宝宝肢体活动。

婴儿床别太软

过软的婴儿床看似有助于睡眠，其实会影响宝宝脊柱的健康发育。

睡眠习惯像父母

随着月龄增加，宝宝的睡眠越来越像父母的，所以爸爸妈妈要与宝宝同步作息。

📋 让宝宝熟悉自己的床

所有的宝宝，特别是在出生后的头几个月，都会在夜间醒来几次。很多时候，他们都是在经过几段浅睡状态后醒来。通常，宝宝自己能够重新进入熟睡状态。但是，如果每天晚上宝宝完全入睡前都需要妈妈喂奶或者摇晃，甚至妈妈抱着，那么自己就很难重新入睡。

所以，妈妈在宝宝完全入睡前就应该把他放到床上，这样宝宝入睡前的最后回忆是睡觉的床，而不是妈妈或奶瓶。宝宝可能会采取一些方式来帮助自己入睡，比如发出"咕咕"声、快速"咿咿呀呀"的发声、"哼哼"声、在婴儿床上摇晃或者连续啼哭几分钟等。

📋 夜间的安抚

如果宝宝晚上醒来，可能会有5~10分钟才能使自己重新入睡。如果超过这段时间宝宝还没有睡着，妈妈可以去看看他，但不用把他抱起来，否则宝宝可能会更兴奋。轻声和宝宝说话或者拍拍背部就可以了，这样能给宝宝安全感。

如果妈妈不等宝宝从不同睡眠状态中进行自然转换，宝宝很有可能只会依赖他人晚上给他额外的爱抚和关心。干涉过多实际上会影响宝宝的睡眠方式，会误以为又到了游戏的时间，而提供不必要的饮食则可能造成睡眠障碍，宝宝大一些后，睡眠会很麻烦。

宝宝的睡眠有长有短很正常

到了这个月，宝宝的睡眠时间会继续减少，晚上能睡10个小时，白天能睡2个多小时就不少了。很多妈妈都希望宝宝能吃能睡，但宝宝的表现常常不能如妈妈所愿。虽然宝宝现在还是要多睡才能保证健康发育，但妈妈不要因为宝宝睡眠时间达不到书上的标准就担心。因为宝宝的睡眠时间存在着个体差异，有的宝宝睡眠时间长，有的宝宝则短一些。只要宝宝吃得好，睡得好，有精神，身长、体重等成长发育检测值正常，就不要强迫宝宝多睡。

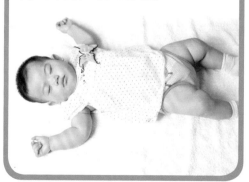

 护理

这个月，部分宝宝的乳牙开始萌出，长牙时不仅会流口水，有的还会出现低热，牙齿不仅白天长，晚上也在长，牙龈会肿胀、痛痒、不舒适。出牙期间，宝宝晚上经常哭闹，难以入眠，这些现象会一直持续到牙齿萌出。

"口欲期"的宝宝什么都吃怎么办

5个月左右的宝宝已经不满足吃手了，只要是能碰到的东西，他（她）都会放到嘴里舔一舔、啃一啃，就连脚丫子碰到嘴巴时，也会来者不拒地尝一口。

为了安全卫生而限制宝宝啃咬东西，会使宝宝口腔触觉得不到爆发和满足，有可能成为以后贪食症与异食癖的心理根源。因此爸爸妈妈只要注意宝宝小手清洁及玩具的清洁、卫生、无毒、无损伤之外，不必过多干预。还可以专门给宝宝买牙胶和磨牙饼干，既满足了口欲期宝宝的心理需求，又有助于乳牙的萌出。

安抚宝宝出牙期的烦躁

如果宝宝出牙感到疼痛，可以让宝宝咬一块干净的湿毛巾或牙胶。含水牙胶可以先放在冰箱内冷藏一下，由宝宝自己拿着放在嘴里含咬。毛巾最好事前放在冰箱里冰一下，牙龈的疼痛部位受到冷敷，痛感会得到缓解。或者把冰块包在毛巾里面，轻轻地按摩牙龈，宝宝也会感觉舒服一些。不过爸爸妈妈在用冰块时，一定得用毛巾包好，千万不要让冰块和宝宝的牙齿直接接触。如果宝宝确实疼得很厉害，还伴有发热或其他症状，应尽快带宝宝去医院就诊。

乳牙萌出的顺序

牙齿有乳牙和恒牙之分，2岁半左右出齐的是乳牙，6~8岁时乳牙逐个脱落，换成恒牙。一般情况下，宝宝5~8个月开始萌出乳牙，11个月宝宝应出5~7颗牙，1岁时长6~8颗牙，2岁左右出齐，共20颗。

一般牙齿是成对萌出，一般最先萌出的乳牙为下面中间的一对门牙，叫乳中切牙。然后是上面中间的一对门牙，随后再按照由中间到两边的顺序逐步萌出。依次长出侧切牙、乳磨牙、尖牙（犬牙），最后长出第二乳磨牙。

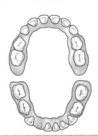 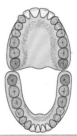

不要过早让宝宝练习坐和站

有些妈妈特别注意锻炼宝宝的运动能力，想让宝宝尽量多坐多站。但是宝宝发育刚刚开始，身体各组织十分薄弱，骨骼绝大部分由软骨构成，骨质柔软，过早负重，对发育不利。

如果过早让宝宝练习坐会适得其反，由于脊椎骨缺钙柔软，背部肌肉不发达而松弛，宝宝会出现脊柱侧弯畸形或驼背，并随年龄增长逐渐加重，可造成永久性体态异常，既不美观又有碍健康，酿成终身痛苦与遗憾。

倘若过早练习站立，由于宝宝下肢骨柔软脆弱，经受不住上身的重量，容易疲劳，下肢的血液供应也因此受到影响，故而容易导致下肢出现佝偻病似的"X"形腿或"O"形腿，甚至发生疲劳性骨折。

部分宝宝在5个月可以短时间坐起来，但是不建议开始练习坐。

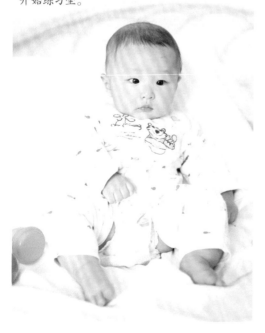

防止会翻身的宝宝掉下床

宝宝会翻身之后，很多妈妈就会担心宝宝不小心从床上掉下来。宝宝滚下床不仅会伤害宝宝娇嫩的皮肤，更严重的还会伤害到宝宝头部，因此妈妈一定要掌握一些保障宝宝安全的小方法。

1.在床边的地板上铺上软垫。这样万一宝宝不小心掉下床，也不至于直接撞在地板上，尽可能减少对宝宝造成的伤害。

2.移除婴儿床周边的杂物，尤其是尖锐物品。如果婴儿床附近有家具的棱角（如柜子或桌角），应该移走或在转角上加装软垫，或者用布将尖锐的角包裹起来。

3.选择有护栏的婴儿床。现在的婴儿床一般都装有护栏，如果没有，爸爸妈妈可自己想办法在婴儿床边加装护栏，以避免宝宝不小心跌落。

4.此外，还要提醒爸爸妈妈，婴儿床护栏的间隔距离必须小于10厘米才安全，才不会出现宝宝头部被卡住的危险情况。

防止室内污染影响宝宝

宝宝的身体正在发育中，免疫系统比较脆弱，而且呼吸量按体重比成年人高50%，这就使他们更容易受到室内空气污染的危害。为防止宝宝受到室内不健康空气的污染和危害，应该加强房间的通风换气；特别要注意婴儿房间的装饰设计，不要因片面地追求设计效果而使用含有害物质的装修、装饰材料。婴儿房装修好后不要让宝宝立即住进去，应该先做好室内空气的检测和治理，等有害物质完全消散后再让宝宝住。

➕ 第 1 剂 A 群流脑疫苗

宝宝终于快半岁了,睡眠时间在逐渐缩短,白天更有精力,会翻身、会玩耍,甚至是坐在那里煞有介事地和爸爸妈妈"咿咿呀呀"地说话,似乎还能看懂爸爸妈妈的"脸色",但同时也开始有认生的表现了。

爸爸妈妈小任务

☐ 调整夜间喂奶时间
☐ 坚持母乳喂养
☐ 准备磨牙棒
☐ 宝宝的乳牙护理
☐ 锻炼靠坐和独坐
☐ 预防贫血
☐ 别过早训练大小便
☐ 按时接种疫苗

> 竖头使宝宝的脊椎出现第一个生理弯曲,坐则是出现的第二个生理弯曲。宝宝的脊柱与骨盆肌肉、韧带、神经发育有一定的顺序,所以不必刻意训练宝宝坐着。

◎ 身体发育情况

这个月的宝宝体重平均增加500~600克,身长平均每月增长2.5厘米,大多数宝宝已经萌出第一对乳牙了,但也有宝宝的出牙期会推迟,甚至是1岁左右才出牙。如果超过1岁还没出牙,就应该去医院诊治。

◎ 能力发育标准

视觉:宝宝会一直盯着移动的色彩明亮鲜艳的玩具,直到看不见为止。

听觉:爸爸妈妈说出某个身边常见的物体,宝宝听到后能用手指这个物体,还能听懂妈妈叫自己的名字。

语言:宝宝可以配合着妈妈唱的儿歌做几个小动作。宝宝会知道自己的"话"能引起妈妈的反应。

运动:能够从仰卧翻到俯卧,而且能主动用前臂支撑起上身,并抬起头来。有的宝宝甚至可以独自坐一小会儿。精细动作能力有了很大提升,能将物品握稳。

社会性:开始出现明显的认生表现了,看到爸爸妈妈和其他家人,会高兴得手舞足蹈;而见到陌生人,则会藏到妈妈怀里,但会仔细观察陌生人的举动。

◎ 体格发育标准

项目	体重(千克)	身长(厘米)	头围(厘米)	胸围(厘米)
满 6 个月	男:6.4~9.8 女:5.7~9.3	男:62.7~71.9 女:60.0~70.1	男:约43.9 女:约42.9	男:约43.8 女:约42.7
测量自家宝宝				

药剂师妈妈说喂养

这个阶段的母乳，虽然不像初乳有那么强的免疫作用，但同样富含活性免疫球蛋白，能很好地给宝宝补充免疫物质。而且它的成分也是根据宝宝的成长不断变化的。母子间这个唯一的直接联结能够帮助宝宝抵抗病菌。

母乳或配方奶依然是营养的主要来源

有些父母可能已经开始给宝宝试着添加辅食了，但宝宝所需的营养素，无论是从质还是量上来说，主要来源依然是母乳或者配方奶。

1.如果妈妈开始上班，至少保证早晨、下班回家和晚上睡前3次给宝宝哺乳。

2.工作间每隔2~3个小时挤1次奶。

3.周末休息时，让宝宝按需哺乳，频繁吸乳有助于乳汁量的恢复和保证。

4.多挤奶、频吸吮可以促进乳汁的分泌，满足宝宝的成长需求。宝宝可能会在夜间也频繁吸乳，妈妈要整晚和宝宝睡在一起。

5.妈妈要少吃或不吃含有咖啡因的食物，如咖啡、茶、可乐、巧克力等，避免引起宝宝的不良反应。

让宝宝习惯用勺子吃食物

很多妈妈在添加辅食时会遇到这样的问题：宝宝不喜欢吃勺子里的食物。这是由于宝宝已经习惯了从乳头或者奶嘴中吸吮奶汁，不习惯用舌头接住食物往喉咙里咽。

解决这个问题的办法很简单，首先要准备一把更适合宝宝的勺子，例如宝宝专用的硅胶软头勺，这种小勺跟奶嘴的质地相似，更容易被宝宝接受。其次，爸爸妈妈可以用小勺子盛上一些乳汁喂给宝宝，让宝宝慢慢习惯用勺子喝奶、喝水。满6个月后爸爸妈妈再用勺子给宝宝喂辅食，就会比较容易了。

调整夜间喂奶时间

对于此时的宝宝来说，夜间大多还要吃奶，妈妈如果发现宝宝的体质很好，就可以设法引导宝宝断掉凌晨2点左右的那顿奶。可以把晚上临睡前9~10点钟这顿奶，顺延到晚上11~12点。宝宝吃过这顿奶后，起码在4~5点以后才会醒来再吃奶。

刚开始这样做时，宝宝或许还不太习惯，到了吃奶时间就会醒来，妈妈应改变过去一见宝宝醒来就急忙抱起喂奶的习惯，不妨先看看宝宝的表现，等宝宝闹上一段时间，可能就会重新入睡。

疫苗接种

按照计划内疫苗接种的时间表，宝宝在6个月大的时候，需要接种第3剂乙肝疫苗、第3剂百白破疫苗和第1剂A群流脑疫苗。在接种疫苗后，宝宝可能会出现一些不适反应，爸爸妈妈要提早了解这些情况，避免错误处理。

📋 第1剂A群流脑疫苗

宝宝的计划内疫苗包含A群流脑疫苗，目的是预防A群脑膜炎球菌引起的流行性脑脊髓膜炎。流行性脑脊髓膜炎是由脑膜炎双球菌引起的化脓性脑膜炎，主要症状有呕吐、发热、头痛、颈项强直等，如果没有提早预防和及时治疗，就会给宝宝带来很大伤害。

宝宝在1岁以内需要接种2次A群流脑疫苗，分别是在宝宝满6个月和满9个月的时候各接种1次，间隔时间不能少于3个月，称为基础免疫。在宝宝3岁的时候，要接种第3剂A群流脑疫苗或A+C群流脑疫苗，6岁的时候接种第4剂，这两剂属于加强免疫。

A群流脑疫苗是接种在宝宝上臂外侧的，也就是在上臂外侧三角肌附着处皮下注射。接种的反应很轻微，通常是在接种后10~24小时内出现，两天内就可以自行恢复，宝宝一般不会出现严重的局部或全身反应，少数宝宝会有低热。如果接种处有较明显的红肿、硬结，或者宝宝有明显的过敏反应，就要及时去看医生。

需要注意的是，如果宝宝有发热、过敏、惊厥、肾脏病、心脏病、活动性肺结核等特殊情况，就不能接种A群流脑疫苗。

宝宝接种后发热要看医生吗

少数宝宝在接种A群流脑疫苗后会有发热的现象，家长带去医院检查，发现C反应蛋白超标，这其实是正常的疫苗反应，不需要特别治疗。

C反应蛋白属于急性实相蛋白，人体内如果出现应激反应，比如感染、发热、烫伤等，C反应蛋白就会明显增高，所以常被用来判断是否有细菌感染。而A群流脑疫苗就属于细菌疫苗，接种后出现发热和C反应蛋白增高是很正常的，家长无需紧张。

如果体温没超过38.5℃，一般采用物理降温的方式给宝宝降温，同时给宝宝适当喝点水，尽量让宝宝保持舒适；如果宝宝发热超过38.5℃，就需要服用退热药了；如果发热持续3天以上，或者伴有严重咳嗽等症状时，就要及时去医院就诊。

接种后局部红肿怎么办

很多宝宝在接种疫苗后，接种部位会出现红肿的现象，让家长们很紧张。其实这是比较常见的现象，如果红肿不是很严重，家长就不需要过度担心。

红肿是炎症的表现，是身体对外界刺激的反应。注射会形成轻微创伤，从一定意义上说也是一种小手术，所以有可能引发炎症。除此之外，疫苗中的稳定剂、防腐剂以及刺激宝宝产生抗体的成分，对宝宝身体来说都是异物，因此容易导致局部出现不同程度的炎症。

如果接种部位的红肿程度比较轻，范围比较小，炎症一般会在几天内消退，不会对宝宝产生伤害，家长也不需要担心；如果红肿的程度比较严重，范围也比较大，就要及时带宝宝去医院就诊了，家长要准确告诉医生疫苗的种类和接种时间。

接种部位出现化脓怎么办

家长首先要清楚，除了卡介苗以外，其他疫苗的接种部位正常情况下都不会出现化脓现象。化脓、破溃是卡介苗接种后的正常反应，护理时只需要用清水擦拭，再擦干即可，不能用酒精、碘酒进行局部消毒。如果在接种其他疫苗后出现化脓、破溃现象，就要带宝宝及时就诊。

接种后出现硬结，热敷还是冷敷

一些疫苗接种后，在接种部位会出现硬结，但是用手去触碰和轻压却没有痛感，这种情况是受到疫苗刺激产生的，也是比较正常的接种反应。一般会在接种后几周内或几个月内自行消退，不会给宝宝造成后遗问题，也不会影响下次接种。

有些家长在发现宝宝的接种部位出现硬结后，就用毛巾热敷，反而导致肿块变大。正确的处理方法应该是在接种后的头3天冷敷，以减小局部充血肿胀程度，3天后才可以热敷。如果一开始就热敷，就容易使局部充血，加重肿胀。

另外，一些家长会把疫苗接种后出现的任何反应都归结为副作用，继而惧怕和拒绝给宝宝接种，这种想法和做法都是不正确的。

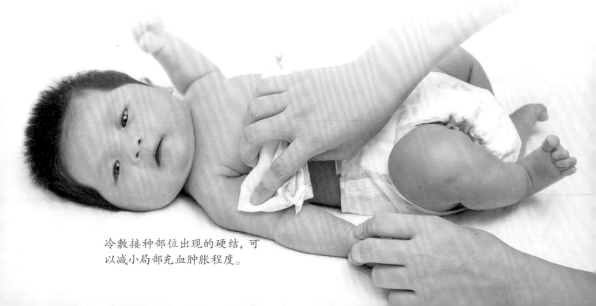

冷敷接种部位出现的硬结，可以减小局部充血肿胀程度。

疾病与用药经验谈

感冒是宝宝常会出现的症状，也叫急性上呼吸道感染，是最常见的传染病之一。多出现于宝宝断奶时，也与温度变化、身体状况、卫生条件差、大人与宝宝的接触有关。而热性惊厥多是高热引起的危险情况，爸爸妈妈需掌握一些急救措施。

宝宝感冒了怎么办

◎症状

宝宝感冒轻重程度差异很大，轻者只是流清鼻涕、鼻塞、喷嚏，或者伴有流泪、微咳、咽部不适。一般3~4天就能自愈。有时也伴有发热、咽痛、扁桃体发炎以及淋巴结肿大。发热可持续2~3天至1周左右。宝宝感冒时还常常伴有呕吐、腹泻。重者体温高达39~40℃或更高，伴有畏寒、头痛、全身无力、食欲减退、睡眠不安等症状，严重危及宝宝的健康安全。

◎产生原因

引起感冒、发热的病原体主要是病毒，病毒的种类很多，而且十分容易发生变异。也有少数感冒是由细菌引起的。宝宝对感冒一般没有免疫力，如果宝宝体质和抵抗力弱，反复发生感冒的可能性很大。

◎治疗

带着宝宝去医院，经过检查后，如果是病毒性感冒，那就没有特效药，家长要做的就是照顾宝宝，减轻症状，一般3~5天就好了。如果是细菌引起的，医生往往会给宝宝开一些抗生素，一定要按时按剂量吃药，千万不可自行增减药物剂量。

◎家庭护理

1.在进食和吃药之外，要让宝宝充分休息，患病宝宝年龄越小，越需要休息。

2.根据病因判断是否服药。大多数感冒是由于病毒所致，因此使用抗生素无效，特别是早期病毒感染，抗生素非但无效，滥用抗生素还会引起机体菌群失调，加重病情。

3.较大的宝宝感冒发热期，应根据宝宝食欲及消化能力不同，辅食上添加一些流食或烂面条等食物。喂奶的宝宝应暂时减少次数，以免发生吐泻等消化不良的症状。

4.家庭居室保持安静，空气新鲜，禁烟，温度、湿度尽量恒定，这样才能让宝宝早日康复。如果宝宝发热持续不退，精神差，嗜睡或不易叫醒，甚至惊厥、呼吸加快，需要马上就医。

🗒 热性惊厥

0~1岁的宝宝很容易出现热性惊厥，因为在这个成长阶段宝宝的大脑发育不成熟，易对高热产生兴奋出现危险，所以爸爸妈妈要做好预防和应对准备。

◎ 热性惊厥的症状

1.先有高热，随后发生惊厥，时间多在发热开始后12个小时内。

2.在体温骤升之时，突然出现短暂的全身性惊厥发作，伴有意识丧失。

3.惊厥持续几秒钟到几分钟，多不超过10分钟，发作过后，神志清楚。

◎ 家庭急救措施

1.应迅速将宝宝抱到床上，平躺，解开衣扣、衣领、裤带，用温水擦拭全身降温。忌用高浓度酒精擦拭降温。

2.将宝宝头偏向一侧，以免痰液吸入气管引起窒息，并用手指掐入人中穴（人中穴位于鼻唇沟上1/3与下2/3交界处）。

3.宝宝热性惊厥时，不能喂水、进食，以免误入气管发生窒息，应用裹布的筷子或小木片塞在宝宝的上、下牙之间，以免咬伤舌头，并保障呼吸道畅通。

4.在注射镇静剂、打完退烧针后，一般惊厥就能停止，切忌为去大医院跑了远路而延误治疗时机。

◎ 预防热性惊厥

1.提高免疫力。加强营养，合理膳食，经常带宝宝去户外晒太阳、活动，以增强体质、提高抵抗力。必要时在医生指导下使用一些提高免疫力功能的药物。

2.预防感冒。随天气变化增减衣物，尽量不要到公共场所、流动人口较多的地方去。如果家人感冒需戴口罩，并少接触宝宝。每天开窗通风，保持室内空气流通。

3.积极退热。宝宝体温在38.5℃以下时，可采用"温水擦全身，适当多喝水，饮食清淡，适度活动"的方式护理。体温如在38.5℃以上时需要及时用药物退热。

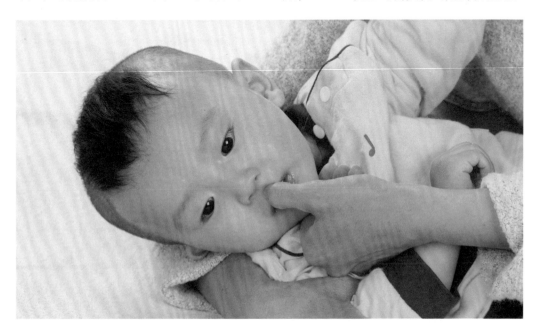

 睡眠

这个月的宝宝，每天的睡眠时间基本保持在13~15个小时。宝宝晚上醒来的次数减少了，有的甚至能一觉睡到天亮。白天一般睡2~3次，上午1次，下午1~2次，同上个月相比，现在一般上午睡1~2小时，下午睡2~3小时。

📋 寻找宝宝睡眠不安的原因

1.是否正试着改变宝宝的睡眠习惯。

2.是否与季节变化有关。比如在春夏季节接受较多的阳光，血钙暂时下降，导致睡眠不踏实；冬季室内温度、湿度不适宜，空气不流通，导致宝宝睡不舒服。

3.是否是没吃饱。

4.是否有噪音干扰。

5.是否有分离焦虑。

6.是否是出牙期的不适影响睡眠。

7.是否是贫血导致睡眠不安，这需要去医院做检查。

8.是否有其他不适症状，比如感冒、高热、咳嗽、鼻塞、肠套叠等。

📋 长牙影响睡眠

宝宝现在正处于长牙期，这无疑会影响到刚刚形成的睡眠习惯，就像成人的牙疼、头疼、背疼、落枕等，疼痛感和不适扰得难以入眠一样。但是宝宝还小，不能用语言表达出疼痛、难受，只能通过哭闹来表达。

不同宝宝的情况也可能不同，有的宝宝直到整颗牙已经出来了，还没有明显的不适，而有的宝宝则会牙龈肿痛、发红，这时候可以让宝宝咬一块干净的湿毛巾或牙胶。如果疼痛严重影响宝宝的睡眠，还伴有发热等症状，爸爸妈妈就应该尽快带宝宝去医院就诊。

晚上别让宝宝睡太早

6个月大的宝宝晚上应该睡多久，并没有统一标准，只要宝宝睡得香，第二天精神好，就不用担心睡眠问题。不过在晚饭前最好别让宝宝睡觉，晚上也避免睡得过早，否则宝宝到半夜醒来就很难再入睡。晚饭前和晚饭后的时间段，爸爸妈妈可以和宝宝做些亲子游戏，把"瞌睡虫"都赶到晚上去，这有助于宝宝养成规律的睡眠习惯。

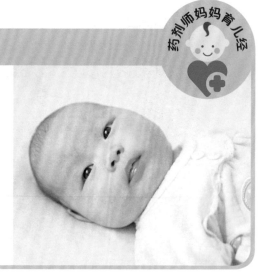

护理

　　这个月龄段的宝宝活动力逐渐增强，有了自己喜欢的玩具，也喜欢让爸爸妈妈抱着去室外玩。无论是在室内还是户外，爸爸妈妈要做好安全防护措施。随着乳牙的萌出，爸爸妈妈别忘了护理好宝宝的乳牙和口腔。

保护宝宝的乳牙

　　大多数宝宝会在6个月左右开始萌出第一对乳牙，乳牙的好坏，将对宝宝的咀嚼能力、发音能力，对后来恒牙的正常替换等有着非常重要的作用。所以爸爸妈妈要特别注意宝宝乳牙的护理。

　　1.宝宝乳牙萌出时，喜欢咬奶头，吃手指。这时爸爸妈妈可以将手指头插进乳头和宝宝的牙床之间，撤掉乳头，并且坚定地对宝宝说："不可以咬妈妈。"

　　2.从宝宝第一对乳牙萌出开始，吃奶后和睡前适当喂些白开水，或用温开水漱漱口，以清洁口腔，避免引发牙龈炎。

　　3.妈妈洗净双手，食指用湿纱布缠好，轻轻按摩宝宝牙龈和刚刚长出的小牙。

体重增长过快或过慢都不好

　　宝宝体重增长缓慢，妈妈首先要带宝宝做一个身体检查，以确定是否是疾病导致的。如果是疾病的原因，对症下药后，宝宝的体重增长就会趋于正常；如果不是，妈妈就要从宝宝的营养和日常护理着手调整了。

　　同样，宝宝在婴儿期如果体重增长过快，也应引起重视。如果宝宝的体重增长每周超过300克，那就要适当控制一下宝宝的食量。过快的体重增长往往是喂奶过多的缘故，奶量摄入过多不仅对宝宝的消化系统不好，而且会给宝宝造成过重的肠胃和心脏负担，甚至会给宝宝以后的身体发育埋下隐患。

给"攒肚儿宝宝"进行腹部按摩

药剂师妈妈育儿经

　　1.用手指轻轻摩擦宝宝的腹部，以肚脐为中心，由左向右旋转摩擦，按摩10次休息5分钟，再按摩10次，反复进行3回。

　　2.宝宝仰卧，抓住宝宝双腿做屈伸运动，即伸一下屈一下，共10次，然后单腿屈伸10次。帮助宝宝肠蠕动，有利于大便排出。

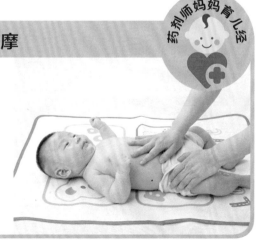

接种第1剂麻风二联疫苗

这一时期是宝宝身体发育、情绪和性格健康发展的关键期，爸爸妈妈要持续监测宝宝的成长发育状况，还要正确添加辅食，积极锻炼宝宝的运动、语言、社会性能力以及引导和培养良好的性格。

爸爸妈妈小任务

☐ 可添加辅食

☐ 训练宝宝用杯子喝水

☐ 引导宝宝模仿说话

☐ 鼓励宝宝的好奇心

☐ 勤清洁宝宝的头发

☐ 按期接种麻疹疫苗、A群流脑疫苗

☐ 常带宝宝晒太阳

满6个月的宝宝可以坐一小会儿，身体会略向前倾；到了8个月大的时候，就会坐得很稳，并且能向左右转身。

◎ 身体发育情况

营养均衡、发育良好的宝宝，在满6个月的时候，体重平均增加450~750克，身长平均增加2.0厘米，头围平均增长1.0厘米。到了8~9月的时候，宝宝的体重每月平均增长220~370克，身长平均增长1.0~1.5厘米，头围平均增长0.6~0.7厘米。部分宝宝在8个月大的时候已经长出了2~4颗牙。

◎ 能力发展标准

视觉:开始注意数量多、体积小的物体，会长时间关注复杂物，可以从毛巾下找出被盖住的玩具。

听觉:喜欢和蔼的语气，听到训斥的语气会表现出害怕、啼哭，能听懂"妈妈来了""吃奶了"等简单词语。

语言:发出的音节清晰可辨，能理解"不"的意思，可以尝试让宝宝说"爸爸""妈妈""再见"等简单的词。

运动:可以用手膝配合爬行，小角度的斜面也能爬上去，扶着床的栏杆、小车等物能站立起来。

社会性:能看懂爸爸妈妈的高兴、生气、悲伤等面部表情。玩耍时玩具被拿去，会自己尝试寻找。

◎ 体格发育标准

项目	体重(千克)	身长(厘米)	头围(厘米)	胸围(厘米)
满7个月	男：6.7~10.3 女：6.0~9.8	男：64.8~73.5 女：62.7~71.9	男：约44.0 女：约43.0	男：约44.3 女：约43.0
测量自家宝宝				
满9个月	男：7.1~11.0 女：6.5~10.5	男：67.2~76.5 女：65.0~75.0	男：约45.0 女：约43.4	男：约45.3 女：约44.1
测量自家宝宝				

药剂师妈妈说喂养

6个月的宝宝就要添加辅食了，第一口辅食最好是含强化铁的婴儿米粉，7个月可以添加软软的菜粥和面条，8个月可以喂香喷喷的肉汤，9个月可以尝尝第一口虾泥。添加辅食要循序渐进，慢慢从流质向半固体再到固体辅食过渡。

📋 看大便，调辅食

初期添加辅食的目的，是刺激宝宝吃乳类以外食物的欲望，为宝宝以后吃固体食物和断奶做准备。另外添加辅食可以锻炼宝宝的吞咽和咀嚼能力。不过辅食添加要适当，否则会导致宝宝腹泻及胃肠功能紊乱。添加辅食后，如何掌握辅食添加情况，继而随时调整辅食进度和内容呢？观察宝宝大便是个好方法。

母乳喂养的宝宝，正常大便呈金黄色软状，而人工喂养的宝宝，其大便呈浅黄色且发干；如果宝宝的大便臭味很重，就表示对蛋白质消化不好；如果大便中有大量奶瓣，这是由于未消化完全的脂肪与钙或镁化合而成的皂块；如果大便发散、不成形，要考虑是否辅食量加多了或辅食不够软烂，影响了消化吸收；如果大便呈深绿色黏液状，表示供奶不足，宝宝处于半饥饿状态，需加喂米汤、米糊、米粥等；如果大便中出现黏液、脓血，大便的次数增多，大便稀薄如水，说明宝宝可能吃了不卫生或变质的食物，有可能患了肠道疾病，要及时就医。

药剂师妈妈育儿经

制作辅食的常用工具

· 研磨器：研碎食物，宝宝每次吃得较少，用研磨器非常方便。

· 软头小勺：宝宝专用的软头小勺，抓用方便，也不用担心误伤到宝宝。

· 果汁机：给宝宝榨果汁的机器，不会影响水果的营养成分。

· 筛子：过滤果汁的工具。

· 不锈钢汤匙：将果肉刮成泥状。

· 削皮器：水果、蔬菜削皮时使用。

需要注意的是，这些辅食工具应该单独存放，不要和家里成人用的饮食工具放在一起。

选择颜色鲜艳的碗和小勺，可以增加宝宝吃辅食的兴趣。

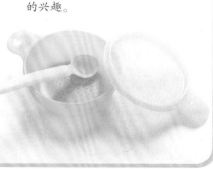

📋 母乳至少喂养到 1 岁

辅食添加不等于放弃母乳和配方奶，虽然这个阶段的宝宝可以吃一些辅食，但由于消化吸收能力仍然不稳定，所以还是要以乳类为其主要的营养来源。

如果这个月龄段母乳分泌仍然很好，妈妈还不时感到胀奶，甚至向外溢奶，是非常好的事情，除了添加一些辅食外，没有必要减少宝宝吃母乳的次数，只要宝宝想吃，就给宝宝吃，不要为了给宝宝加辅食而把母乳浪费掉。妈妈也不要因为已经开始添加辅食，就进入半断奶期，有意减少喂母乳的量和次数。

从目前的实际情况来看，母乳喂养2~3年对大部分妈妈来说是有困难的，但从保证宝宝的营养和健康角度讲，母乳喂养起码应该坚持1年。

7 个月，开始尝试烂面条

无论宝宝是否长出乳牙，都应该开始添加颗粒状食物了，如烂面条、菜粥、肉粥等。烂面条吃起来更有饱腹感，并且可以搭配各种蔬菜来吸引宝宝的注意力，还可以锻炼宝宝的咀嚼能力，让宝宝逐步适应半固体、固体食物。

宝宝专用面条使用中筋面粉制作，面身柔软而细滑，长度适中，厚度均匀，易于烹煮，便于咀嚼，易消化；强化了维生素和矿物质，为宝宝成长发育提供均衡营养素；大多数宝宝专用面条都严格控制食盐含量，减少对宝宝肾脏的负担。

📋 宝宝不再喝奶怎么办

有的宝宝在添加辅食后不吃奶，出现这种情况大概有以下几个方面的原因。

一是添加辅食的时间不是很恰当，可能过早或过晚。

二是添加的辅食不合理。辅食口味调得比奶鲜浓，使宝宝味觉发生了改变，不再对淡而无味的奶感兴趣了。

三是添加辅食的量太大。辅食与奶的搭配不当，宝宝想吃多少就加多少，没有饥饿感，影响了宝宝对吃奶的食欲。

四是宝宝自身的原因。比如添加辅食后，乳糖酶逐渐减少，再给奶类，会造成腹胀、腹泻，而拒吃奶。

针对这些情况，妈妈可以在宝宝饥饿准备喂辅食时，先喂奶再喂辅食，也可以在宝宝睡前或迷迷糊糊刚醒时候喂奶。如果担心宝宝蛋白质摄入不足，可以适当增加鱼泥、肉泥、蛋黄的摄入量。妈妈还可以适当减少辅食的量，让宝宝能很好地吃奶。

半固体的西红柿烂面条能吸引宝宝的注意，还可以锻炼宝宝的咀嚼能力。

📋 从 1/4 个蛋黄开始添加

鸡蛋，特别是蛋黄，含有丰富的营养成分，非常适合宝宝食用。1岁以内宝宝吃鸡蛋时可能会对蛋白过敏，应避免食用蛋白。

科学添加鸡蛋的方法是：6个月左右的宝宝，从开始每天吃1/4个蛋黄，逐渐增加到每天吃1个蛋黄。宝宝接近1岁时再开始吃全蛋。

值得注意的是，虽然鸡蛋的营养价值高，但宝宝也不是吃得越多越好。肾功能不全的宝宝不宜多吃鸡蛋，否则尿素氮积聚，会加重病情。皮肤生疮化脓及对鸡蛋过敏的宝宝，也不宜吃鸡蛋。

📋 教宝宝用勺子吃饭

当妈妈发现宝宝喜欢用手抓东西吃、会用杯子喝水以及当勺子里的饭菜快掉的时候会主动去舔勺子时，就可以着手教宝宝用勺子吃饭了。拿起勺子，一边做出用勺子吃饭的动作，一边对宝宝说："用勺子吃东西，可真香呀！"在勺子里放一小块香蕉，送到宝宝的嘴里。再让宝宝手里拿把勺子，勺子里也放一小块香蕉，指导宝宝把勺子喂到自己口中。

吃完后，要及时把宝宝手里的勺子收走，同时告诉他："吃完饭了，妈妈要收拾了。"这样既可避免宝宝误伤自己，也能避免给宝宝传递可以边吃边玩的错误信息。

📋 和宝宝同桌进餐

开始给宝宝添加辅食后，爸爸妈妈要抓住这个机会，让宝宝尝试并逐渐学会和家人一起进餐。在餐桌旁为宝宝设置一个特殊的座位，用宝宝特定的餐具为他(她)准备一小份饭菜。让宝宝有自己进餐的机会，用手抓都可以，用勺子更好。

药剂师妈妈育儿经

宝宝餐椅选购小技巧

现在宝宝对奶之外的其他食物越来越感兴趣，爸爸妈妈可以为宝宝选购一个专门的餐椅，让宝宝与你们一起进餐。选宝宝餐椅时，应注意：

· 挑选稳当、底座宽大、不易翻倒的椅子。

· 边缘不尖利，如果是木制，要没有毛刺。

· 座位的高低要合适宝宝使用，宝宝坐上去要有挪动空间。

· 塑料制品的配件要选择无毒塑料，而且热水刷洗后不会变形。

· 配备安全设备，如卡扣、安全带，轮子应该有锁定功能。

疫苗接种

在宝宝8个月大的时候，需要按照计划内疫苗接种的时间表，接种第1剂麻疹疫苗和乙脑疫苗。而在实际生活中，麻风二联疫苗已经基本取代了麻疹疫苗。

📋 第1剂麻风二联疫苗

在宝宝满8个月的时候，接种麻风二联疫苗，主要是预防麻疹和风疹，这两种疾病都能通过空气在人与人之间传播。

麻疹病毒感染会引起发热、咳嗽、流鼻涕、眼睛发炎、皮疹，还可能导致耳朵感染、肺炎、脑损伤、癫痫等。风疹病毒会引起皮疹、关节炎和低热。

接种的位置是在宝宝上臂外侧，少数宝宝会在接种5~6天后开始有低热或一过性皮疹，一般不超过2天就能恢复正常，个别宝宝可能出现高热，要去医院请医生对症处理。

📋 第1剂乙脑疫苗

乙型脑炎是由嗜神经的乙脑病毒所致的中枢神经系统性传染病。虽然无法直接在人与人之间传染，但容易通过蚊子等吸血昆虫传染。乙型脑炎多发生在夏秋季，而婴幼儿就是易感人群，所以要给1岁左右的宝宝接种乙脑疫苗。

受到乙脑病毒感染，大部分人会没有任何症状，只有少部分人会出现发热、头痛甚至严重脑部感染的症状。乙型脑炎的特征有高热、惊厥、呼吸衰竭、意识障碍及脑膜刺激征。部分患者还会留有后遗症，严重的话还会危及生命。

现在使用的乙脑疫苗有减毒活疫苗和灭活疫苗，一般需要接种3次，分别是在宝宝1岁左右、1岁半到2岁之间、6岁左右进行接种。需要爸妈注意的是，给宝宝接种乙脑疫苗可能会有一些轻微的反应，比如接种部位疼痛和红肿、肌肉痛、头疼等，但出现严重反应的可能性非常小。

麻风腮三联疫苗

麻风腮三联疫苗和麻风二联疫苗都是减毒活疫苗制剂，如果宝宝接种过麻风二联疫苗，18个月时就可以接种麻风腮三联疫苗。如果没有接种麻风二联疫苗，宝宝满1岁就可以接种麻风腮三联疫苗，第1剂的时间应该在12~15个月，第2针可以安排在4~6岁。

如果要带1岁以内的宝宝出国，必须接种1剂麻风腮三联疫苗，这1剂不计入常规接种组内。接种麻风腮三联疫苗也可能会出现过敏反应，但导致严重伤害的风险非常小，比宝宝患上麻疹、风疹或流行性腮腺炎要安全得多。

疾病与用药经验谈

过了半岁的宝宝往往很容易生病，一是因为来自母体的免疫抗体已经基本消失，而自身的免疫系统还不成熟；二是因为宝宝的活动能力增强，会四处爬、抓摸，很容易感染病菌。此外，如果宝宝缺乏某些营养素，也会出现营养素缺乏性病症。

高热可能是幼儿急疹

◎起病急

幼儿急疹大多起病很急，宝宝突然高热达39℃以上，但精神状态良好，高热会持续3~5天，多数为3天，然后体温自然骤降，伴随的其他症状随体温下降而好转。

◎退热后出现红疹

在开始退热或体温下降后，宝宝出现皮疹，最先见于颈部和躯干部位，很快波及全身，以中心多周边少的向心性皮疹为主要特点。经过1~2天就可以完全消退，疹退后不留色素沉着，皮疹不脱屑，不留痕迹，所以家长不必过于紧张担心。

◎不需要特殊治疗

幼儿急疹在皮疹出现以前，诊断较为困难，易误诊为上呼吸道感染或消化不良。当热退疹出后，诊断明确，病即将痊愈，一般很少有并发症，爸爸妈妈无需再带宝宝到医院看皮疹。因不需特殊治疗，宝宝高热时可服退热药，以防发生惊厥、呕吐。咽部充血时可给予对症治疗，让宝宝多饮水和休息。

从指甲看健康

指甲是健康的写照，宝宝身体营养与健康的状况，也可以透过指甲这面镜子来观察。如果宝宝指甲出现脊状隆起，变得粗糙、高低不平，多是由于B族维生素缺乏引起的，辅食可以增加蛋黄、动物肝脏和深绿色蔬菜等；如果指甲薄脆，指甲尖容易撕裂分层，说明宝宝缺乏蛋白质，应适当给宝宝吃些鱼、虾等高蛋白的食物。

食补预防缺铁性贫血

食补是预防宝宝缺铁性贫血的最好方式，妈妈可以从这几个方面入手：

1.坚持母乳喂养。

2.根据月龄，及时添加含铁丰富的辅食，如蛋黄、鱼泥、肝泥、肉末、动物血、绿色蔬菜泥等，动物性食物中的铁吸收利用率比植物性食物要高。

3.多吃新鲜蔬菜、水果等含维生素C较多的食物，以促进食物中铁的吸收。

4.定期测血色素，1岁以内每3个月测1次。

睡眠

这个阶段的宝宝，一天总睡眠时间13~16个小时。多数宝宝晚上睡眠10小时左右，夜间不吃奶的宝宝可以一觉睡到大天亮，只是夜间可能会有2~3次小便。

📋 宝宝睡眠质量不好怎么办

在门诊中，很多家长反映宝宝晚上会睡不安稳，常常半夜频繁醒来，甚至哭闹，喂奶却不吃，只好慢慢哄着入睡，时间长了很是头疼。影响宝宝睡眠的因素比较多，遇到这种情况，家长就要细心观察了，找对原因才能有效改善。

大脑神经发育不成熟：宝宝的大脑神经系统依然处于不断发育阶段，还不成熟，宝宝还没有建立规律的作息。

宝宝缺钙：缺钙、血钙降低，会引起大脑神经兴奋性增高，导致宝宝夜醒、睡不安稳。爸爸妈妈可给宝宝补充钙质和维生素D，多晒太阳有利于钙质吸收。

宝宝穿太多或盖太厚：爸爸妈妈常常会给宝宝穿得太多，盖得太厚，导致宝宝太热，自身散热能力差，出现烦躁不安，不能安睡。宝宝晚上睡觉时不需要穿太多，1~2件就够了，被子也不要太厚。

宝宝腹胀：睡前吃得过饱，或吃了难以消化的食物，或喝奶后没有打嗝排气，都有可能引起腹胀而醒过来。多给宝宝做做按摩，消除积食就可改善这一问题。

白天生活变化：与白天过于兴奋或生活发生变化有关，如出门看到兴奋的事、白天睡得太多等，都会影响睡眠。

出牙或身体不适：宝宝出牙期间，会有一些疼痛和发痒，宝宝往往会有睡不安稳的现象。此外，如果宝宝生病了，睡眠也会不安稳。

宝宝喜欢趴着睡，要改吗

宝宝自由变换体位，多是采取他（她）舒服的姿势睡觉。喜欢趴着睡的宝宝大多是感觉这样比较舒服，而不是有什么疾病。宝宝也不会整个晚上都采取趴着睡的姿势，可能会仰卧或侧卧一会儿，再俯卧一会儿，不断变换睡姿，这些都是正常的。

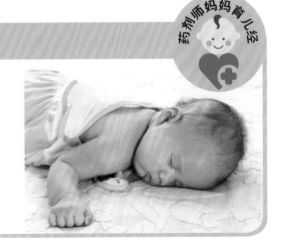

 护理

　　宝宝的小手逐渐灵活了，活动范围也在不断扩大，宝宝能抓取和触及的物体更多了，所以日常看护更要小心。为了保证宝宝的活动安全，爸爸妈妈要把可能危及到宝宝安全的物品放到他(她)触及不到的地方，以防磕着、碰着。

给宝宝准备一双鞋子

　　宝宝生长迅速，转眼间已经开始学爬、扶站了，为他(她)准备一双舒服合适的鞋子非常有必要。鞋子的大小、肥瘦及足背高低都要根据宝宝自身情况来确定。质量以柔软、透气性好的鞋面为宜；鞋底应有一定的硬度，鞋的前1/3最好可弯曲，后2/3稍硬，不易弯曲；鞋帮要稍高一些，后帮紧贴脚，使脚踝不左右摆动；为宝宝及时更换新鞋，一般3个月更换1次为宜。

不要过早学走路

　　宝宝的双腿刚刚能在扶持下稳稳地站起来，有些心急的爸爸妈妈就开始让宝宝学习走路了，这是不对的。宝宝一般在1岁左右进入行走的敏感期，这是生长发育最适合开始走路的时段。宝宝如果在7~8个月大的时候就练习走路，很容易导致下肢骨骼发育不良，形成"O"形腿或"X"形腿，因为这个时期宝宝的骨骼没有完全发育好，还不能独立承受自身的重量。

为宝宝消除室内的安全隐患

需要远离宝宝的	需要确保安全的	其他事项
洗护用品、可燃性液体	地面是否选择无毒、无刺激的安全材料，是否打扫干净	门窗是否安全关闭
刀具、剃须刀		
玻璃器皿、热水瓶、垃圾桶	地砖是否有松动、地毯是否干净	家养宠物是否携带寄生虫、狂犬病毒
电源插座、开关、各种电器		
药品、清洁消毒用品	楼梯、浴室、浴缸是否防滑，是否安装扶手和护栏，护栏间隔是否过大	家具、玩具和物品的摆放是否阻碍宝宝的自由爬行和走动
厨房用具及一切潜在有毒危险物品		

📋 排便训练顺其自然

这个月龄段的宝宝不提倡训练大小便。如果宝宝不爱把尿和坐便盆，可以继续用尿布或纸尿裤，或者给他(她)准备一个卡通玩具型的便盆试用。

如果宝宝在使用便盆，应注意不要让宝宝在便盆上坐的时间过长，5分钟后还没有便意就要马上抱下来，以免脱肛。不要在宝宝坐便盆时喂他吃东西，或逗他玩，这样会延长他排便的时间。

📋 不要把宝宝放在学步车里

把宝宝放在学步车里，宝宝的脚在学步车内悬荡着，只能用脚尖控制身体在屋内滑动，久而久之，会使宝宝脚后跟跟腱变短，很难甚至于不可能平踏在地面上。

学步车只能锻炼宝宝小腿及脚尖的肌肉，不能增加大腿和臀部的肌肉力量，而这些部位正是爬行和走路使用最多的地方，因此会使宝宝爬行和走路时肢体的力量及协调的配合产生障碍。

7~9个月的宝宝平衡、协调及控制能力发展并不好，移动学步车时很容易摔倒，从而导致各种伤害，例如摔伤、撞伤，严重的甚至造成骨折。

所以爸爸妈妈不要过早把宝宝放在学步车里，应该给予宝宝更大的活动空间。

📋 每天洗洗小脚丫

宝宝的下肢越来越有力，腿脚整天动个不停，如果不是每天洗澡，那至少要每天用温水洗洗小脚丫。

泡脚：让宝宝双脚完全浸入水中，保持不动，体会温水造成的脚部血流加快的感觉，产生轻松舒适的体验。

洗脚：将宝宝的小脚泡一会儿后，开始从脚趾到脚后跟逐步一点点沿皮肤表面搓过来，清理粗糙部位的死皮。

按摩：搓过一遍后，如果水还不是太凉，可以给宝宝按摩全脚，顺序也是从脚趾开始到脚后跟，动作不必太拘泥，只要力度适中，让宝宝感觉舒服就可以。

📋 宝宝的牙刷：指套牙刷最好用

宝宝能吃固体食物前，牙齿并不一定要专门清洗，哺乳或者吃饭后可以给宝宝喂些温开水清洁牙齿。宝宝开始吃固体食物以后，就要每天早晚给宝宝刷牙了。妈妈要注意，宝宝在3岁以前不用含氟牙膏。

这个月龄的宝宝，妈妈可以用套在手指上的指套牙刷或清洁的纱布，沾温开水为宝宝清洁牙齿的外侧面和内侧面，按摩宝宝的齿龈，帮宝宝缓解长牙期的不适。

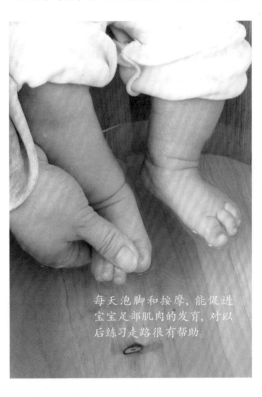

每天泡脚和按摩，能促进宝宝足部肌肉的发育，对以后练习走路很有帮助。

不缺钙也要常晒太阳

晒太阳不仅能促进宝宝对钙的吸收，还能增强宝宝抗病的能力。宝宝正处于成长发育的旺盛时期，对大自然的需求比成人更为迫切，因此特别需要常晒太阳。

阳光中含有红外线和紫外线，紫外线会使皮肤中的一种物质转化为维生素D，维生素D在人体内能帮助胃肠道吸收食物中的钙和磷，会使骨骼变得坚硬结实，肌肉强壮有力；红外线照射到人体上可使全身皮肤血管扩张，因为血流量增加，由此增强了抗病能力。所以不缺钙的宝宝也需要晒太阳。在户外接触大自然，还能让宝宝增长更多见识，妈妈也可以借机让宝宝认识更多的事物。（晒太阳注意事项见119页）

先用不易摔碎的塑料杯给宝宝熟悉，然后装少量水让宝宝练习。

宝宝不爱喝水怎么办

面对不爱喝水的宝宝，有什么解决办法呢？

1.用水果或蔬菜煮熟制成果水或菜水来给宝宝补充水分，或在水中加入一些口感好的补钙冲剂，来提高宝宝喝水的兴趣。

2.可在每顿饭中都为宝宝制作一份可口的汤来补充水分，而且还富含营养。让宝宝随身携带有卡通图案的水杯，提高宝宝对饮水的兴趣。

3.不要过分强迫宝宝喝水，以免引起宝宝对喝水的反感。可以换一种形式或换一个时间再喂。

4.耐心让宝宝养成喝水的习惯，时常提醒宝宝喝水，积少成多，也可以达到补充水分的目的。

训练宝宝用杯子喝水

宝宝自己用杯子喝水，可以训练手部肌肉，发展手眼协调能力。但是，这阶段的宝宝大多不愿意使用杯子，因为以前一直使用奶瓶，所以通常会抗拒用杯子。

爸爸妈妈要首先给宝宝准备一个不易摔碎的塑料杯或搪瓷杯，杯子的颜色要鲜艳、形状要可爱，且便于宝宝拿握。可以让宝宝拿着杯子玩一会，待宝宝对杯子熟悉后，再倒入少量奶、果汁或者水，将杯子放到宝宝的嘴唇边，然后倾斜杯子，将杯口轻轻放在宝宝的下嘴唇上，并让杯子里的奶或者水刚好能触到宝宝的嘴唇。

如果宝宝愿意自己拿着杯子喝，就让宝宝两手端着杯子，爸爸妈妈帮助他往嘴里送，要注意让宝宝一口一口慢慢地喝，喝完再添，千万不能单次给宝宝杯里倒过多水，避免呛着宝宝。如果宝宝对使用杯子显示出强烈地抗拒，爸爸妈妈暂时就不要继续训练宝宝使用杯子了。如果宝宝顺利喝下了杯子里的水，爸爸妈妈要表示鼓励、赞许。

9~12 个月

➕ 满1周岁要体检

快满周岁的宝宝，各方面的能力进一步增强，逐渐成为一个喜欢蹲着玩、可以扶着东西稳稳站立、妈妈牵一只手就能到处走动的"小顽皮"了，现在宝宝还特别乐于模仿大人的面部表情和所说的话。

爸爸妈妈小任务

☐ 培养宝宝规律进餐

☐ 预防乳蛀牙

☐ 说话训练

☐ 站立、走路练习

☐ 1周岁体检

> 宝宝的后囟门在6~8周的时候已经完全闭合，而前囟门会在1岁后逐渐闭合，最迟不晚于2岁。

◎ 身体发育情况

宝宝的身体发育很快，能够从爬行到扶着物体蹲下站起，再到迈出人生的第一步。宝宝的体重每月平均增加220~370克，身长平均增长1.0~1.5厘米，头围平均增长0.67厘米。宝宝全年体重可增加6.5千克，身长增加25厘米，头围增长13厘米。

◎ 能力发展标准

视觉：能通过图画认识物体，对色彩鲜艳的图形、小动物图画以及活动的物体能集中注意力。

听觉：知道自己的名字，妈妈叫的时候会应答，喜欢节奏感强、优美的音乐，且肢体会随着音乐扭动。

运动：10个月的宝宝能变换爬行路线、越障碍爬行，11个月的宝宝能扶着物体蹲下去再起来，1岁的宝宝可以蹲下去捡地上的东西，自己能不用扶站起来。

语言：有意识地说出爸爸、妈妈外的单字，如要、走等。

社会性：依赖爸爸妈妈等主要看护者，但同时能和同龄小朋友一起玩，能记住两三个同伴的名字。

◎ 体格发育标准

项目	满10个月	测量自家宝宝	满12个月	测量自家宝宝
体重（千克）	男：7.4~11.4 女：6.7~10.9		男：7.7~12.0 女：7.0~11.5	
身长（厘米）	男：68.8~78.3 女：66.5~76.6		男：71.0~80.5 女：68.9~79.2	
头围（厘米）	男：约45.4 女：约43.8		男：约47.3 女：约46.2	
胸围（厘米）	男：约45.4 女：约44.2		男：约46.1 女：约45.0	

药剂师妈妈说喂养

现在的宝宝可以添加软米饭、面条、稠粥、豆制品、碎菜、碎肉、蛋黄、饼干、馒头片等各种辅食。需要注意的是，不同宝宝个体的饮食差异会比较大，只要宝宝的体格发育指标都在正常范围，这样的喂养就是成功的。

辅食不是吃得越多越好

有的妈妈希望宝宝吃得越多越好，认为只有吃得多营养才会好，才会更聪明。其实吃得太多会造成肥胖，不仅会影响宝宝的动作和活动，更会加重脏器的负担，神经系统发育也会受到影响。吃得过量还会引起积食，降低免疫力，从而引起发热等各种相关疾病。

鼓励宝宝自己吃饭

宝宝现在有了较好的肌肉控制力和良好的手眼协调能力，可以较有效地控制手的动作，已经能够用小勺把食物舀起来，送到自己的口中。当然也有的宝宝仍然不能很好地控制自己的动作，可能会把食物弄得到处都是，爸爸妈妈不要怕弄脏了衣服、桌子、地板，应该多鼓励宝宝自己吃东西。

另一方面，尽管宝宝吃饭时可能总表现出足够的热情，但过不了多久随着这股热情的消失，就会不耐烦了，这时就需要妈妈耐心引导，让宝宝逐渐形成自己吃饭的习惯。

不要急着断奶

宝宝快要满1岁了，许多妈妈都在琢磨着应该断奶了，其实没必要这么急着断奶。对于宝宝来说，母乳仍然是宝宝不可缺少的营养来源。虽然宝宝食谱中有肉类食品，也含有优质蛋白质，但宝宝吸收的量不足，远远满足不了生长发育的需求。

母乳含有优质蛋白质，既好喝，又方便，是补充蛋白质的最佳选择。即便辅食添加正常，1岁的宝宝每天仍要至少吃2~3顿母乳或配方奶，每次保证在200毫升，才能满足生长发育的需要，过早断奶不利于宝宝健康。

宝宝每天吃多少辅食

满周岁宝宝每日的辅食种类和需求量：

谷类食物100克左右；

蔬菜或水果40克左右；

鱼或肉每日30克；

鸡蛋黄每日1个；

豆腐或豆制品每日50克；

油脂类少许。

疫苗接种

在宝宝1岁左右的时候，需要按照计划内疫苗的接种时间表，给宝宝接种第2剂A群流脑疫苗（第1剂在6个月时接种），以预防流行性脑脊髓膜炎。虽然水痘疫苗并不是计划内疫苗，但是从宝宝健康的角度，还是建议在宝宝1岁左右时接种。

第1剂水痘疫苗

水痘是由水痘—带状疱疹病毒引起的急性、通过呼吸道传播的传染病，它通过空气或者接触到脓疱破裂后流出的液体在人与人之间传播，所以通过洗手或把家里清洁干净的方式，并不能预防感染。

水痘会引起皮疹、瘙痒、发热和疲倦，甚至是严重的皮肤感染、瘢痕、肺炎等。宝宝感染水痘后，几乎会同时出现典型的3期疹子：丘疹、水疱以及结痂，很容易诊断和治疗，但病愈后病毒仍会留存于神经节内。1次患病后会终身免疫，但如果宝宝的免疫低下，带状疱疹就可能反复出现。如果宝宝没有高热或其他不适，就不必担心，通常5~7天后就会消退。只要不抓破，以后就不会留下痕迹。

接种水痘疫苗是预防和控制水痘的有效手段，水痘疫苗是减毒活疫苗，易感宝宝应及时接种。推荐1岁接种1次，4~6岁再加强1次。年满1岁后，不管是任何年龄的儿童或者成人，只要没患过水痘，都可以接种疫苗。如果4岁之前都没接种过，可以间隔1个月连续接种2次。如果宝宝在未接种前就已经患过水痘，就不需要再接种了。

接种疫苗后15天产生抗体，30天时抗体水平达到高峰，抗体阳转率95%左右，而且免疫力持久。需要注意的是，即使接种过疫苗，也有少数人会再出水痘，不过症状通常会很轻微，而且很快就能消退。

避免"患者—家长—宝宝"式传染

水痘可以通过呼吸道传染，但一般成人的体内已经有了抗体，所以即使遇到其他患者，也不会出现水痘，但上呼吸道内可能携带病菌。所以爸爸妈妈不慎接触到水痘患者，回家前要在室外适当停留一点时间，回家后洗澡，用淡盐水漱口，清洗鼻子，会减少宝宝被传染的可能。

📋 宝宝出了水痘该怎么护理

◎隔离

由于水痘的主要传播途径是接触或上呼吸道传染，患病宝宝的口腔分泌物、血液及皮疹内的水痘病毒，可以通过食具、玩具、衣服、尿布等间接传染。所以，患水痘的宝宝从开始发病到完全治愈为止，都要注意隔离，不要与其他宝宝接触。

◎清洁皮肤

保持皮肤清洁，勤修指甲，不要让宝宝用手搔抓，以免造成感染，留下疤痕。

◎保持良好的生活习惯

保持宝宝个人和室内卫生，勤换内衣裤和尿布，勤晒被褥，室内要常通风换气。发热时要让宝宝卧床休息。高热时可服用退热药，但避免使用含有阿司匹林的退热药。给宝宝多吃些清淡、易消化、富含营养的食物，多喝开水和果汁，不要吃油腻、辛辣等刺激性食物。

◎及时诊治

个别水痘宝宝可并发肺炎、脑炎。若出现高热不退、咳喘、呕吐、头痛、烦躁不安或嗜睡等现象，应及时去医院诊治。

◎病后复诊

待水痘完全结痂脱落后，还要再带宝宝去儿科医师处复诊，让有经验的医师检查看看有无其他并发症存在。

不同的疫苗能同时接种吗

常有新手爸妈来医院咨询这个问题，我会告诉他们是可以的，这样既可以减轻宝宝的痛苦，又可以减少家长的担忧。但并不是说任何情况下都可以这样做，还要严格遵循以下原则：

1.所有符合适应证的疫苗同时接种，这是儿童免疫计划的重要组成部分；

2.除非特殊疫苗可以混合在同一注射器接种，否则同时接种时应该分别注射；

3.同时接种不同的疫苗，通常是选择不同的肢体部位注射。如果必须选择同一肢体接种，最好是选择宝宝的大腿，2个接种的位置要间隔2.5~5厘米，这样可以防止局部反应发生重叠；

4.两种灭活疫苗或一种是减毒疫苗、一种是灭活疫苗可以在同一天的不同部位接种；

5.注射型减毒活疫苗和口服型减毒活疫苗可以在同一天接种；

6.两种注射型减毒活疫苗要么同一天接种，要么间隔28天以上；

7.两种疫苗在同一部位接种，必须间隔28天以上。

疾病与用药经验谈

这个月的宝宝要注意防病，特别是病毒性感冒。爸爸妈妈要带宝宝进行适当的户外活动，提高宝宝的抵抗力。要鼓励宝宝进行探索，但要提醒宝宝不要随便捡脏东西，避免感染疾病，回家后要及时给宝宝洗手。

📋 提防宝宝反复感冒

宝宝反复感冒，让很多妈妈感到头疼。为了彻底改善这种状况，妈妈要把不正确的护理方法纠正过来，锻炼宝宝的耐寒能力。每日坚持户外活动，宝宝感冒时只要不发高热，也要到阳光下走走。

另外，不要老给宝宝吃药，宝宝流点清鼻涕不要紧，如果没发热，吃喝拉撒都正常，就不要急于吃药，也没必要抱宝宝去医院，避免交叉感染。这种适度地让宝宝的身体与感冒抗争，也能提高宝宝的抗病能力。

宝宝感冒时流点清鼻涕不打紧，不要一感冒就急着给宝宝吃药。

📋 急性上呼吸道感染如何护理

上呼吸道感染简称"上感"，主要指鼻、咽部等上呼吸道黏膜的急性炎症，宝宝"上感"有90%是由病毒引起的，因此遇到宝宝感冒有发热咳嗽时，不要一开始就服抗生素，如果要减轻宝宝症状，可以在医生指导下选择清热解毒、止咳化痰的中药。

如果是细菌感染，比如细菌性肺炎，可以在医生指导下服药。退热药一般需要每隔4小时才能喂1次，而且低热或中度发热可以不服退热药，用物理方法降温，高热时（38.5℃以上）再服。

◎注意补水

补水的目的是补充消耗的体液、防止脱水、促进毒素的排出。饮食以流质、半流质为好。如果宝宝食欲不好或呕吐，可以适当增加吃奶次数，每次量少一些。果汁和蔬菜水不要减少，它们包含维生素和矿物质，对疾病的恢复是有好处的。

◎保持室内通风

要使宝宝休息好，宝宝房间的环境应该安静、舒适，尤其注意保持室内通风、空气清新。冬季房间内有暖气或空调，不能太热、太干燥，一定要定时开窗通风，最好是上下午各1次，每次15分钟左右。

警惕寄生虫病

◎蛔虫症

蛔虫病是人体最常见的寄生虫病之一，表现为突然腹痛、出冷汗、面色苍白，此外还出现多食、厌食和偏食，或有异食癖，宝宝平时吃饭正常但仍很消瘦，严重时可引起宝宝智力迟钝、磨牙等。

预防及治疗：

1.注意饮食卫生，饭前便后洗手，勤剪指甲，不吃未洗净的蔬菜瓜果。

2.在医生的指导下给宝宝吃驱虫药，严格用药，不可多服。

3.如果宝宝出现便秘或腹胀、腹部摸到条状包块时，可能发生了蛔虫性肠梗阻，要马上就医。

◎蛲虫症

蛲虫也叫线虫，是宝宝最常见的一种肠道寄生虫病。其症状常表现为宝宝情绪不稳定，夜里哭闹发惊，睡眠不足，严重者可引起恶心、呕吐或腹泻等。

预防及治疗：

1.讲究个人卫生，饭前便后要洗手，睡觉不给宝宝穿开裆裤。

2.纠正宝宝吃手的习惯，常剪指甲，勤洗阴部，勤烫洗内衣，晒被褥床单。

3.在医生指导下使用驱虫药。

4.肛门周围可用2%白降汞软膏或10%氧化锌软膏涂抹。

皮肤擦伤的处理

当宝宝可以到处走动的时候，磕磕碰碰在所难免。如果是胳膊、腿有些轻微擦伤，用清水或生理盐水冲洗干净，再用双氧水消毒即可。

预防宝宝乳蛀牙

造成宝宝乳蛀牙的最主要原因就是没有做好口腔的清洁和乳牙的护理，还有一些不好的饮食习惯，如让宝宝习惯性地含着奶瓶睡觉，这样非常容易使宝宝发生龋齿，甚至还可能造成窒息。预防乳蛀牙，饮食上要定时定量，不要让宝宝吃太多零食；睡觉前不要吃糖果；吃完食物后要喝些白开水漱口；长满20颗乳牙后要养成早晚刷牙的习惯。

有的宝宝会有吃手的习惯，一定要注意勤洗手，防止病从口入。

睡眠

宝宝的睡眠日趋规律,白天睡一两次,晚上睡10~12小时。如果宝宝白天和黑夜的睡眠时间分配不合理,要及时调整,防止宝宝白天睡多了而晚上不睡觉。

怎么安排宝宝白天的睡眠

1.备些书籍和玩具:爸爸妈妈可以给宝宝准备些他(她)爱看的绘本、画册或喜欢的玩具,在宝宝感到困倦的时候,看上一会,玩一会儿,累了就能够帮助宝宝入睡。

2.至少有休息时间:如果宝宝白天不愿意睡觉,爸爸妈妈应保证宝宝至少有休息的时间,可以让他听一段音乐,安静一会儿,避免让宝宝一直处于兴奋状态。

3.兴奋过后不易入睡:宝宝刚玩得很兴奋,或刚吵闹一番,不要希望宝宝能安静地小睡一会。给他一点时间,安静下来,看看书或看看电视都可以,然后再睡觉。

4.洗个澡:爸爸妈妈可在宝宝午睡前,给他洗个热水澡,做一会儿按摩,宝宝很快会入睡。

找出夜惊或夜啼的原因

爸爸妈妈要找到是什么原因导致的宝宝夜惊或夜啼,宝宝太累、白天受到不良刺激都可能引起。另外,宝宝患中耳炎、湿疹也会出现此种情况,这时,需要及时去医院诊治。

宝宝睡觉打鼾正常吗

宝宝打鼾,大多数是生理性的。宝宝的鼻道狭窄,容易阻碍气流通过,导致睡觉时打鼾。这种生理性的打鼾,一般不用管它。如果宝宝打鼾严重,那就要引起注意了,爸爸妈妈要及时带宝宝去医院就医。容易引起宝宝打鼾的病因主要有增殖体肥大、先天性悬雍垂过长以及上呼吸道感染。

增殖体肥大和悬雍垂过长引起的打鼾,可以进行手术切除。

如果是因为上呼吸道感染引起的打鼾,会随着病情的好转而消失,在这期间,如果宝宝仰面睡鼾声很大,妈妈可以尝试着给宝宝换个睡姿,或用枕头把宝宝头部垫高一些。

护理

爸爸妈妈要适应宝宝这个年龄段的发展特点，有意识地培养宝宝一些生活自理能力，如用杯子喝水、协助妈妈穿脱衣服、自己洗手、尝试自己吃饭等。

📋 1岁体检：都检查些什么

宝宝在1岁左右的体检，主要是对宝宝生长发育指标进行监测，包括身长、体重、头围、胸围4项指标，还对视听、心理、智力发育进行筛查和咨询，对宝宝"四病"（佝偻病、营养不良性贫血、腹泻、肺炎）进行防治宣教，指导爸爸妈妈对宝宝进行生长发育监测以及怎样护理和喂养宝宝。

📋 宝宝用脚尖走路，正常吗

许多宝宝在摇摇学步时用脚尖走路，有的甚至在以后的几个月仍用脚尖走路，这难免使爸爸妈妈担心是不是脚骨发育异常。许多宝宝都会有这种现象，只要宝宝站立时可以将脚跟放平，就没有问题。

📋 如何应对宝宝扔东西

面对宝宝扔东西这件事，妈妈首先应该理解，扔东西是宝宝能力发展的正常行为，对这一重复动作要耐心地配合。

可为宝宝准备耐摔和有弹性的玩具，如皮球、毛绒玩具、充气玩具（里面最好有会发声的铃铛）等，让宝宝在扔东西的过程中，了解不同物体的性质，得到满足的宝宝在思维发展后，扔玩具的行为会很快结束。

在宝宝反复玩扔、捡玩具的过程中，妈妈可以配合一些有趣的象声词，以增加宝宝对声音和动作探索的兴趣。

没出牙可别乱补

药剂师妈妈育儿经

宝宝出牙的早晚主要由遗传因素决定，有的宝宝出生后第4个月就开始出牙，也有的宝宝要到10个月才萌出乳牙。假如10个月以后乳牙仍未萌出，也不必紧张，只要孩子身体健康没有其他毛病，晚到1周岁时出第1颗乳牙也没关系。

幼儿期

（1~3 岁）

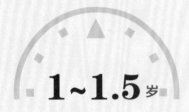
1~1.5 岁

➕ 一日三餐为主

宝宝的体重在不断地增加着，但与婴儿期的增速相比变得不那么明显。宝宝腿长了，脖子似乎也长了，脸蛋也不再横着长了。如果宝宝身高再低于下限值，就要引起注意了。

爸爸妈妈小任务

☐ 培养良好的饮食习惯
☐ 预防过敏
☐ 给宝宝挑选合适的零食
☐ 科学的饮食结构
☐ 保证宝宝活动安全
☐ 宝宝的性格培养
☐ 1 岁半的健康检查

通常情况下，新生儿头部约占身长的 1/4，到了 2 岁时约为 1/5，到了 6 岁的时候，头高约占身高的 1/8，与成人很接近了。

◎ 身体发育情况

1岁以后，宝宝的身体发育进入相对稳定时期。实际上，1~2岁这一年，宝宝体重平均每个月才增长200克，男宝宝身长平均每个月增加1.3厘米，女宝宝身长平均每个月增加1.0厘米。宝宝满1岁时，上下牙床大约各长出4颗乳牙。

◎ 能力发展标准

视觉：能够意识到周围物体的存在，视觉灵敏度越来越高，1岁大的宝宝视力达到0.2~0.25。

听觉：爸爸妈妈叫宝宝的名字，宝宝能听懂这是在叫自己，并且能自己走过来。

语言：尽管宝宝的发音可能还不是太清晰，但他(她)表现出对语言的理解越来越清晰。饿了，会清晰地说"饿"或"吃"；需要帮助时，会清晰地叫"妈妈"。

运动：平衡能力明显增强，走得越来越稳当了，摔倒的次数也变少了，开始往更高，更危险的地方探索。

社会性：愿意主动与外界交流。对于陌生人，宝宝会表现出警觉的样子。如果陌生人表现出友好，与宝宝有很好的交流，宝宝很快就会和陌生人成为"好朋友"。

◎ 体格发育标准

项目	体重(千克)	身长(厘米)	头围(厘米)	胸围(厘米)
满 1.5 岁	男：8.1~15.7 女：7.8~14.9	男：73.6~92.4 女：72.8~91.0	男：约48.8 女：约47.7	男：约47.6 女：约46.6
测量自家宝宝				

药剂师妈妈说喂养

在宝宝向一日三餐正常饮食过渡时，可能会出现挑食、偏食、暴饮暴食、食欲不佳等各种问题，爸爸妈妈在喂养宝宝时要多下功夫，从小开始培养宝宝良好的饮食习惯，这样才利于健康成长。

一日三餐为主，母乳为辅

1岁左右的宝宝，逐渐变为以一日三餐为主。如果妈妈母乳充足，就继续喂母乳；如果母乳缺乏，早、晚以配方奶为辅。

肉泥、蛋黄、肝泥、豆腐等含有丰富的蛋白质，是宝宝身体发育必需的食物。而米粥、面条等主食是宝宝补充热量的来源，蔬菜可以补充维生素、矿物质和膳食纤维，促进新陈代谢，促进消化。

要想宝宝长得健壮，父母必须细心调理好宝宝的三餐饮食，将肉、鱼、蛋、蔬菜等与主食合理搭配。宝宝的牙齿还未长齐，咀嚼还不够细腻，所以要尽量把菜做得细软一些，肉类要做成肉末，以便宝宝消化吸收。

不必追求每一餐都营养均衡

1岁多的宝宝开始表现出对某种食物的偏好，也许今天吃得很多，明天只吃一点儿。父母不必为此过分担心，也不必刻板地追求每一餐的营养均衡，甚至也不必追求每一天的营养均衡，只要在一周内给宝宝提供尽可能丰富多样的食品，那么宝宝一般就能够摄取充足的营养素。

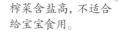

不要给宝宝吃有损智力的食物

·过咸食物，如咸菜、榨菜、咸肉、豆瓣酱等。
·含过氧化脂质的食物，如腊肉、熏鱼等。
·含铅食物，如皮蛋。
·含铝食物，如油条、油饼等。
·口味较重的调味料。
·生冷海鲜。

榨菜含盐高，不适合给宝宝食用。

🔖 宝宝吃糖要适量

1岁以后的宝宝都喜欢吃甜食，如各种糖果、冷饮、糕点等。由于宝宝活泼好动，能量消耗也多，适当吃点糖果以补充身体的消耗也是可取的，时间应安排在饭后1~2小时或午睡后。但是糖果只能提供能量而缺乏其他营养素，吃多了会影响食欲，而且对宝宝牙齿的健康不利，是导致龋齿的最主要原因之一。

高糖饮食无疑也是导致超重、肥胖的一大因素。同时，空腹吃糖会大量消耗人体中的B族维生素。B族维生素缺乏时，宝宝会出现食欲缺乏，唾液及消化液分泌减少，导致消化功能减弱等现象。

不要强迫宝宝进食

宝宝不爱吃饭，妈妈不要强迫宝宝进食，适当给宝宝提供些营养加餐，也能满足宝宝营养需求。宝宝只要有了胃口，自然就能正常进食了。

有些宝宝因为没有食欲而不爱吃饭，尤其是在夏天，一些平时吃饭很好的宝宝也没了胃口。与其在宝宝没有胃口的情况下硬喂宝宝吃饭，妈妈不如做一些色香味俱全的营养加餐。

妈妈要挑选能补充宝宝所需热量和营养的食物，在食材和制作方法上多下工夫，变换花样，每天制作不同的营养加餐来吸引宝宝的注意。

🔖 别盲目给宝宝补人工营养素

事实上，妈妈只要保证宝宝每日饮食营养均衡，是不用额外补充维生素或矿物质的。如果妈妈疏于对宝宝饮食上照顾的话，也可以适当补充一些人工营养素来满足宝宝成长的需要，但要遵医嘱而补充，同时还应注意以下两点。

◎缺什么补什么

断奶期的宝宝最好不要补充复合维生素片。除了宝宝吃起来比较困难外，这种没有明确目的的补充方式，很容易使营养素之间的配比失衡，也许这种营养素不够，而那种营养素却超量。

◎不能长期依赖营养补充剂

无论是成人还是宝宝，都不宜长期补充人工合成的营养素，以免产生依赖性。可以隔一天吃一次，吃一个月，停吃一段时间再接着补充。体内营养素均衡后，就应停止补充。

宝宝一两次不爱吃饭时无需强迫进食，长期不爱吃饭就要就医诊治了。

📋 边吃边玩要纠正

吃饭时要让宝宝有一种仪式感。最好有固定的场所、固定的餐椅，让宝宝能迅速投入到吃饭这件事情上来。有时宝宝不想吃饭，也不要用玩具逗引，不要边追边喂，让宝宝饿一点，下一顿自然会吃得很好。如果已经习惯边吃边玩，要及时纠正，制定吃饭的规矩，不能心软，一次心软，纠正起来会更困难。

📋 不要边看电视边吃饭

宝宝已经能够自己拿勺吃饭了，坐在儿童餐椅里，和爸爸妈妈一同进餐，其乐融融。很多家庭喜欢边看电视边吃饭，这样的进餐方式，不利于营造一个整体的进餐气氛，容易分散宝宝吃饭的注意力，影响食欲，还影响消化功能。

另外，进餐时胃肠道需要增加血液供应，但宝宝在进餐的同时看电视，就会把注意力集中在电视上，大脑所需血液供给量会增加。血液供应首先是保证大脑，然后才是肠胃道，在缺乏血液供应的情况下进食，胃功能就会受到伤害。

避免摄入致敏食物

1岁以后的宝宝，能吃的东西已经很多，在调整食谱时要注意避免摄入致敏食物，引起过敏，表现为湿疹、荨麻疹(在皮肤上出现风团块)、血管神经性水肿，有些宝宝甚至会出现腹痛、腹泻或气喘等症状。

如果宝宝对某种食物过敏，最好的办法就是在较长的时间内避免吃这种食物，但不是终身不能吃。经过1~2年，等宝宝长大一些，消化能力增强，免疫功能更趋于完善，有可能逐渐脱敏。

最常引起过敏的食物是异性蛋白食物，如螃蟹、大虾、鱼类等；有些宝宝对某些蔬菜也过敏，比如扁豆、毛豆、黄豆等豆类和菌藻类(如蘑菇、黑木耳、海带等)；有些香味菜如香菜、韭菜、芹菜等也会引起过敏；还有一些热带水果，如芒果、猕猴桃、菠萝等也会引起宝宝过敏。

给宝宝添加新食物时，先给宝宝少量喂一点，观察是否有不适反应。

疫苗接种

虽然宝宝在1岁之前就完成了大部分国家规定的计划内疫苗,但是还有部分疫苗的后续针次或强化针次是在1岁以后接种的。此外还有一些自费疫苗,比如流感疫苗等,需要根据实际情况给宝宝接种。

流感疫苗

流行性感冒是由A和B两组流感病毒引发的,其症状比普通感冒要严重。普通感冒主要影响上呼吸道,而流感易侵袭全身,严重时甚至引起肺炎、脑炎等,而且流感可以通过咳嗽、打喷嚏、流鼻涕等方式传染。

年幼的宝宝很容易感染流感,因此家长们要特别重视给宝宝接种流感疫苗,1~15岁儿童接种疫苗的有效保护率为77%~91%。但是流感疫苗不能终身免疫,而且每年的流感病毒也不尽相同,所以需要在每年的流感季节到来之前接种1次。在我国,大部分流感发生在11月到次年2月,因此在流感高峰期前的9~10月份是最佳接种时机。

◎接种原则

1. 12~35个月的宝宝需要接种2剂,每剂0.25毫升,2剂间隔1个月。

2. 36个月以上的宝宝,需要接种1剂,每剂0.5毫升。

3. 流感疫苗能与其他减毒活疫苗或灭活疫苗同时接种,但要接种在不同部位。

4. 需要注意的是,成人往往是流感的带菌者,会传染给宝宝,所以爸爸妈妈也要和宝宝一起接种。

5. 鸡蛋过敏的宝宝不能接种。

◎接种后发热

接种流感疫苗后,宝宝可能会在接种当天出现发热,疫苗接种引起的发热通常不会很高,持续时间一般不会超过3天。如果体温低于38℃,就不需要特殊处理,可以给宝宝适当多喝些水。如果体温没超过38.5℃,就用物理降温,可以给宝宝洗个温水澡,水温与宝宝体温相近即可。如果物理降温无效或发热持续时间长,体温超过38.5℃就要服用退热药,并及时就医。

流感疫苗属于季节性疫苗,错过接种日期不需要补充接种。

📋 轮状病毒疫苗

轮状病毒是引起宝宝腹泻的病原菌之一，特别是2岁以下的宝宝。轮状病毒引起的腹泻，几乎在每年的秋季都会出现，也被称为"秋季腹泻"，所以通常需要在秋季给宝宝临时接种疫苗。

接种轮状病毒疫苗虽然对预防轮状病毒引起的腹泻和呕吐效果好，但是不能防止其他病毒引起的腹泻和呕吐。

接种后并不能保证100%的预防效果（其他疫苗也是一样的），但如果宝宝之后受到轮状病毒感染时，症状会较轻，病程也会缩短。

国产轮状病毒疫苗是减毒重组的活疫苗，主要用于6个月至5岁大的宝宝。由于是一种口服制剂，每次口服3毫升，所以通常是用吸管吸取疫苗喂给宝宝，但不能用热水送服。

个别宝宝在接种后，可能会出现轻微腹泻，这种情况不需要特殊护理。如果腹泻严重，出现水样便，而且大便每天超过3次，就要及时看医生。

宝宝如果患有轻微疾病（如轻度感冒），通常不影响接种；如果是患有中度或重度疾病（包括中度或重度腹泻、呕吐），应该等康复后再接种。

此外，注射过免疫球蛋白及其他疫苗的宝宝，应该间隔2周后才可以接种轮状病毒疫苗。

B 型流感嗜血杆菌疫苗

与平常提及的流感不同，B型流感嗜血杆菌属于细菌，可以通过人与人接触或空气飞沫而传播，通常是5岁以下的宝宝容易染病。宝宝感染这种病菌后，如果病菌只停留在鼻腔和咽喉中，一般没有多大危害，而一旦进入肺部或血液里，可导致中耳炎、肺炎、脑膜炎等。

B型流感嗜血杆菌感染虽然可以用抗生素治疗，但由于临床确诊困难及耐药菌株增多，因此接种疫苗是最经济有效的预防手段。

B型流感嗜血杆菌疫苗用于2个月至5岁的宝宝，如果第1次接种的时间不同，那么后续接种的次数和时间也不同：

如果第1剂在2~5个月，就要接种4剂，前3剂之间间隔1~2个月，第4剂在18个月接种。

如果第1剂在6~11个月，就只需接种3剂，前2剂之间间隔1~2个月，第3剂在18个月接种。

如果第1剂在1~5岁，就只需要接种1剂。

年龄超过5岁的宝宝通常不需要接种。

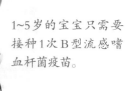

1~5岁的宝宝只需要接种1次B型流感嗜血杆菌疫苗。

疾病与用药经验谈

　　1岁以后的宝宝刚开始正常走路，上下台阶需要人扶，如果不小心绊一下，会磕到鼻子，引起流鼻血。当然可能还会遇到其他意外情况，父母要提前了解，防患于未然。

📋 宝宝鼻出血

　　宝宝鼻黏膜血管很丰富，有些地方汇集成血管网，血管弯曲扩张，而且鼻腔很稚嫩，在鼻部外伤以及打喷嚏时，都可能使曲张的血管破裂而出血。

◎ 鼻出血的处理

　　发生鼻出血时，宝宝大哭、用力揉擦鼻子等均会加重出血。应该立即将宝宝抱起，半卧着，大点的宝宝可直立或直坐着，不要低头或后仰。少量出血时，可以用手指压住出血一侧的鼻翼；如果是大量出血，可以采取以下方式止血：

　　1.将毛巾沾冷水或包上冰块放在宝宝的前额部，双脚浸入热水中，都有利于止血。

　　2.如果每次出血量不多，但经常发生鼻出血，用上述方法处理仍不止血，应立即去医院进一步检查是否有全身性疾病。

◎ 鼻出血的原因

　　1.外伤，如跌撞等。

　　2.内科疾病，如风湿热、疟疾、伤寒、麻疹、血液病、血友病、白血病、血小板减少性紫癜等。

　　3.维生素C、维生素K、B族维生素等营养素缺乏引起。

防治口角炎

　　患了口角炎的宝宝，应该补充维生素B_2，或涂些防裂油，也可以局部涂冰硼散或云南白药。

　　预防口角炎，应让宝宝吃米粉、绿色新鲜蔬菜、豆类、小米、肉、牛奶等。患有胃肠道疾病的宝宝应积极治疗。此外，口角不适时切忌用舌头去舔，以免口角更加干燥、更易破裂出血。

📋 宝宝的四季护理

◎春季：带宝宝郊游

春天最适宜带宝宝郊游，让宝宝在大自然中感受一草一木，从而关心和热爱大自然。妈妈可以引导宝宝看嫩芽的形状、叶子的茎脉、忙碌的昆虫等。这是提高宝宝认知能力、开发宝宝智力的好时机和好方法。

◎夏季：减少使用纸尿裤

这个阶段的宝宝不能控制尿便是很正常的，因此，许多宝宝仍然会使用纸尿裤。但是夏季最好减少使用纸尿裤，尤其不能连续长时间使用纸尿裤。夏季宝宝爱出汗，而纸尿裤的透气性相对来说不是很好。如果汗液清洗不及时，宝宝的屁股和大腿两侧很容易出痱子，同时宝宝也会觉得不舒服。

◎秋季：多给宝宝喝水养肺

秋季气候一天天变得干燥，宝宝的小嘴唇和小口角也出现了小裂口，甚至小鼻子时常流血。传统医学认为，养肺可以驱走燥邪。为了防止宝宝被燥邪侵扰，妈妈要多多给宝宝补充水分。给宝宝喂水，不要一下子喂很多，这样反而会给身体带来不良作用，应该采取少量多次的方式。白开水是最好的，不要喝添加了很多色素、香精、甜味剂的各种饮料，高糖分反而会使身体里更加缺水。

◎冬季：预防呼吸道感染

冬季是各种传染病高发期，宝宝稍微受凉，外加抵抗力差的话，就可能引起感冒、支气管炎等各种呼吸道疾病。要针对小儿呼吸道疾病的特点，做好日常防护。

营养要全面，不要偏食与挑食；要加强户外活动。这样才能使宝宝体格健壮，对疾病有足够的抵抗力。

注意气候变化，及时添减衣服。宝宝新陈代谢旺盛，运动量大，产热多。若衣服捂得过厚，热量不能散发，出汗多，使内衣又湿又冷，易诱发感冒与肺炎。

少带宝宝到公共场所去。家中如有人感冒咳嗽，应注意隔离。

保持居室环境空气新鲜。每天上下午必须开窗通风半小时，许多病原体可在大自然的空气中得到净化。

冬季也不能给宝宝穿太厚，出汗多、热量不能散发也容易引起感冒。

睡眠

宝宝满1岁以后，睡眠会更加规律。有些宝宝可能会在白天或晚上不好好睡觉，这时候就要仔细观察宝宝是否有异常情况，如果没有，爸爸妈妈就要合理安排宝宝的睡眠时间，养成固定入睡的好习惯，保证睡眠时间分配更科学。

白天睡眠变化大

有的宝宝不仅上午不睡觉，午饭后也很有精神，但到了傍晚可能就困得睁不开眼了，连晚饭都不能和爸爸妈妈一起吃。晚上七八点醒了，又精神十足，到了半夜才肯睡觉，这可够"折腾"爸爸妈妈的。这种睡眠习惯就要及时改正，最好是帮宝宝养成在午饭后睡一会儿的习惯。

白天小睡对宝宝的好处

1.适当的白天小睡可以满足宝宝生物钟的需要。因为即使宝宝在前一天夜里睡得再好，如果第二天白天不小睡，到了下午，宝宝的体能及反应灵敏度也会减弱。到了傍晚就昏昏欲睡，这不利于宝宝晚上入睡，会打乱已有的睡眠规律。

2.会促进宝宝体内激素分泌，消除白天的紧张情绪和压力。

3.如果晚上没睡好，白天小睡可以帮助宝宝恢复体能。

4.白天小睡后，宝宝会更加活泼，心情更加明朗。

5.有助于宝宝的智力发展，对提高记忆力和学习效率很有帮助。

6.白天小睡的宝宝，注意力会更集中，情绪会更稳定。

此外，宝宝白天小睡，爸爸妈妈可以获得片刻的安宁，稍作休息，调整身心状态迎接宝宝醒来的"折腾"，或者做一些自己的事。

别让宝宝睡在大人中间

许多爸爸妈妈在睡觉时总喜欢把宝宝放在中间，这样做对宝宝的健康是不利的。因为在人体中，脑组织的耗氧量非常大。一般情况下，宝宝越小，脑耗氧量占全身耗氧量的比例也越大。宝宝睡在父母中间，就会使宝宝处于一个极度缺氧，二氧化碳非常多的环境里，使宝宝出现睡觉不稳、做噩梦以及半夜哭闹等现象，直接妨碍了宝宝的正常生长发育。

Tips

睡前不能太兴奋
如果宝宝午后玩得很兴奋，或刚吵闹一番，就很难快速入睡。

让父母放松
宝宝小睡后，爸爸妈妈可以稍作休息，或者做自己的事。

白天不睡也别急
如果宝宝吃饭好，很精神，活动能力强，就算白天不睡也别担心。

白天几点小睡最合适

如果宝宝每天小睡2次，就应该分别安排在上午10点左右和午休时间。如果宝宝每天只小睡1次，那么就安排在午休时间。午饭过后是人最容易产生睡意的时间段，这时候爸爸妈妈只要稍加引导，宝宝就会欣然进入睡眠状态。

如果白天小睡时间过晚，宝宝到了晚上就会变得兴奋好动，影响晚上睡眠，继而干扰到宝宝正常的生物钟。此外，小睡时间过晚，容易使宝宝把晚上睡眠当成又一次小睡，导致晚上频繁醒来。

宝宝白天小睡及晚上睡眠的时间

年龄	白天小睡次数	白天小睡时间	晚上睡眠时间	全天睡眠时间
1岁	1~2	2~3小时	11.5~12小时	13.5~14小时
1岁半	1~2	2~3小时	11.5~12小时	13~14小时
2岁	1	1~2.5小时	11~12小时	13~13.5小时
2岁半	1	1.5~2小时	11~11.5小时	13~13.5小时
3岁	1	1~1.5小时	11~11.5小时	12~13小时
4岁	0~1	0~1小时	11~11.5小时	11~12.5小时
5岁	0~1	0~1小时	11小时	11~12小时

需要注意的是，"晚上睡眠时间"不代表不间断的累积睡眠时间，因为宝宝在睡眠阶段间短暂醒来是很正常的。

"全天睡眠时间"并不等于"白天小睡时间"与"晚上睡眠时间"的简单相加。因为宝宝白天小睡的时间长了之后，晚上的睡眠时间就会减少。反过来也是同样的道理，晚上的睡眠时间长了之后，白天的小睡时间也会相应地减少。

护理

宝宝会独立行走后，探索欲望更强了，可能整日精力充沛，这儿摸摸，那儿看看，又会随时用嘴巴品尝味道，甚至吞入异物，发生意外。父母在保护好宝宝好奇心的前提下，也要注意告诉宝宝哪些可以做，哪些不可以做，让宝宝初步建立安全意识，培养良好生活习惯。

📋 别给宝宝玩手机

不知道从什么时候开始，手机也悄悄变成了宝宝的一种玩具。你可能觉得不打电话就不会有辐射，但你不知道的是，人们使用手机时电磁波可以进入大脑，在相同条件下，宝宝受到电磁波的伤害要比成人大，因为宝宝的颅骨薄，大脑吸收的辐射相当于成人的2~4倍。

研究表明，手机的电磁场会干扰中枢神经系统的正常功能。宝宝正处于中枢神经系统的形成和发育期，常玩手机肯定会影响大脑的发育，手机辐射还会影响到宝宝的免疫力及视觉神经的良性发展。

📋 小心宝宝手指被卡

这个阶段的宝宝特别喜欢把手指插到小孔里，所以不要把口小的瓶子和其他物品给宝宝玩。一旦宝宝手指被卡住，也不要慌张，大人的态度会影响到宝宝。可以试着涂一些肥皂水，然后往下取。如果实在取不下来，就需要求助医生了。

如果宝宝的小手指被门或抽屉挤压伤，出现红肿时，不要动伤处，马上去医院创伤外科治疗。如果伤处出血，可以先冷敷，然后观察情况，必要时去医院。如果宝宝大哭不止，一动就痛得要命，也要马上去医院。

防止宝宝吞食异物

宝宝喜欢把小东西往嘴里放，很容易把纽扣、硬币、别针、玻璃球等小物品吞食入口，这时候就要爸爸妈妈多注意了。

1.满足好奇心。要让宝宝能自由自在地在房间内玩耍，满足宝宝的好奇心和探索的欲望。

2.清理小物品。特别要注意宝宝爬行的地面上是否掉有小物品，如扣子、大头针、别针、豆粒、硬币等。

3.当心水果核。当吃有核的水果时，如枣、山楂、橘子等，要特别当心，应先把核取出后再喂食。

4.检查玩具零部件。要对玩具进行仔细检查，看看玩具的零部件，如眼睛、小珠子等有无松动或掉下来的可能。

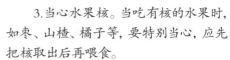

▣ 避免给宝宝戴颈饰

生活中，经常可以见到不少宝宝的脖子上吊着长命锁、玉如意一类的饰品。有些爸爸妈妈认为，这些饰品象征着吉祥、平安、健康，由此将其当作宝宝的护身符。殊不知，这些护身符很有可能会对宝宝造成伤害。

宝宝皮肤细嫩，容易对饰品发生皮肤过敏，使颈部发痒、红肿。玩耍时宝宝拉拽颈饰容易勒伤颈部。有的宝宝喜欢将颈饰含在嘴里，如果线绳被咬断，宝宝吞下饰物，后果将不堪设想。而且，宝宝若经常将饰物含在嘴里，大量病菌进入口腔，也会影响身体健康。

▣ 第1次带宝宝看牙医

在宝宝满1岁后，上下牙床大约各长出4颗牙，并已开始接触固体食物，这时是最佳的首次看牙时机。医生将详细检查宝宝的牙齿生长状况，并给予父母有关宝宝的饮食种类、刷牙的习惯、喂食的方式等咨询意见。比如妈妈不知道怎么给宝宝刷牙时，可以带上牙杯、牙刷去医院请教医生，或者看刷牙的动画演示。

带宝宝去医院的时间最好选择在上午9~11点或下午2~4点，这样可以避免宝宝过饱引起呕吐或过饥加剧紧张情绪。需要特别注意的是，第1次带宝宝看牙医，时间不宜太长，以免宝宝不愿意再来。

如果检查发现牙齿有问题，可以及时处理治疗。如果宝宝的牙齿没有太大的问题，医生会建议每半年复查一次。

养宠物的家庭需做好预防措施

1.不要与宠物共用餐具，也不要与宠物亲吻、同床共枕，以防宠物的唾液污染衣物，与宠物接触后要及时洗手。

2.做好日常卫生工作。不但要做好宠物的卫生工作，及时给宠物洗澡，清理粪便，也要搞好家里和家人的卫生工作。居室要经常打扫、消毒，和宠物接触后，要用肥皂彻底洗手。吃饭前、接触宝宝前要先洗手。

3.定期给宠物注射疫苗。鸟类宠物应注射禽流感疫苗。

4.做好驱虫工作。一定要定期带宠物到医院或防疫站驱虫。

5.万一宝宝被宠物抓伤或咬伤，应立即清洗伤口，消毒，然后在2小时内到当地防疫部门注射狂犬病疫苗，以预防狂犬病。

定期给家养的小狗注射疫苗，还要避免宝宝接触外面的流浪猫狗。

✚ 接种第1剂甲肝疫苗

多数宝宝在这一阶段已经能够独立行走了,有的还需要爸爸妈妈牵着手走。宝宝的体重增长没有之前那么明显了,身长增加很平稳。爸爸妈妈要持续做好宝宝的成长监测。

爸爸妈妈小任务

□保证营养摄入均衡
□保证宝宝活动安全
□锻炼精细动作
□训练宝宝按时排便
□多鼓励宝宝
□说话训练
□智力开发
□疫苗接种

1岁以内的宝宝,要在出生后的3、6、9、12个月分别做1次健康检查;1~3岁的宝宝每半年检查1次,3~7岁的宝宝每年检查1次。

◎ 身体发育情况

现阶段,宝宝的体重和身长的增长都很稳定,男宝宝的平均体重为11.0千克,女宝宝的平均体重为10.4千克。男宝宝的平均身高为81.4厘米,女宝宝的平均身高为80.2厘米。在1岁半左右,多数宝宝萌出了10颗乳牙,宝宝的前囟门在此时会完全闭合。

◎ 能力发展标准

视觉:能从多种颜色的积木中挑出吸引自己的颜色,能按物体的颜色、形状、类型等进行分类了。

听觉:能听懂爸爸妈妈对他说的话,听CD或父母模仿各种动物叫声,能听出是什么动物的声音。

语言:2岁的宝宝可以和爸爸妈妈流利地对话了,还可以背诵整首简单的儿歌或古诗了。

运动:对爬楼梯很感兴趣,会在大人的帮助下从最低一级楼梯跳下,也能自己扶着栏杆上一两级台阶。2岁的宝宝可以双脚跳离地面了。

社会性:逐渐有了自我意识,情绪丰富,能表达出高兴、生气等感情,爸爸妈妈可以有意识地引导宝宝。

◎ 体格发育标准

项目	体重(千克)	身长(厘米)	头围(厘米)	胸围(厘米)
满2岁	男:9.1~17.5 女:8.7~16.8	男:78.3~99.5 女:77.3~98.0	男:约49.1 女:约48.1	男:约50.2 女:约49.0
测量自家宝宝				

药剂师妈妈说喂养

随着成长发育的需要，宝宝所摄入的营养和食品都要多样化了，妈妈可以选择权威的儿童营养指导书，以保证宝宝能够摄入均衡的营养。

别被广告误导，不爱吃饭不都是缺锌

现在，电视广告上总说，宝宝不爱吃饭是缺锌，要补锌。其实这种说法太片面，宝宝不爱吃饭的原因有很多：宝宝喉咙或口腔不适，吞咽能力不好，就餐环境不好等，都可能导致宝宝不爱吃饭。因此，宝宝是否缺锌，应去医院做个诊断。爸爸妈妈可以带宝宝去医院做个微量元素检查，如果真的是缺锌，应遵医嘱补锌或者通过日常饮食来补充，而不可随意买补锌的营养品来补充，以免补充不合时宜或补得过量，对宝宝成长产生其他不利影响。

宝宝缺锌怎么补

如果宝宝确实是缺锌，爸爸妈妈首先应该明确一点，先采用食补法，而不是一开始就买保健品吃。爸爸妈妈可给宝宝适量食用贝壳类海产品(如牡蛎、蛏干、扇贝等)、红肉、动物内脏、蛋类、豆类、谷类胚芽、燕麦、花生等含有一定量锌元素的食物。

若确实有必要，可在医生的指导下，服用补锌制剂进行适当补充。一旦宝宝体内锌含量达到正常水平，宝宝食欲增加，就不宜再服用补锌制剂，而应均衡饮食并适量食用含锌食物。

宝宝没有食欲怎么办

1.三餐定时、定量，切忌吃饭时间不固定、每次吃太多。

2.饮食上强调种类多样化，注重食物的色香味形，激发宝宝的食欲，做到干稀搭配、粗细搭配。

3.饭前不要给宝宝吃甜食或者喝饮料。

4.多带宝宝去户外，多活动，多呼吸新鲜空气，促进消化。

📋 不要把别人家宝宝的进食量当标准

宝宝1岁之后，饮食有较明显的变化，个体差异也越来越明显，有的食量大，有的食量小，这是因为每个宝宝的自身需要不同。所以，妈妈们千万不要把别人家宝宝的进食量当作进食标准，要理解和尊重宝宝的个体差异。

对于食量小的宝宝，很多妈妈会担心宝宝的营养跟不上，影响生长发育。一般情况下，宝宝的食量会根据年龄的增长渐渐增加，只要宝宝有食欲、不挑食、体格发育正常，就不要过于担心。当宝宝某顿饭吃得少时，不用"威逼利诱"地强迫他吃，等宝宝饿了，下一顿自然会多吃一些。

📋 油盐味精，宝宝怎么吃才安全

1岁以后宝宝的食物可以少量加盐，既改善菜肴的口味，对健康也有益。但是一定要尽量少放，如果宝宝摄入太多的盐分，会养成重口味的不良习惯，而且成年后易患高血压。所以，给宝宝做饭时要严格控制盐分，最好把正餐做成淡淡的味道，让宝宝从婴幼儿时期就养成清淡的口味。含盐多的食物也不要给宝宝吃。

而对于一些口味较重的调味料，如味精、沙茶酱、辣椒酱等，容易加重宝宝的肾脏负担，不利于宝宝的健康，所以最好不要给宝宝食用。

不要逼宝宝吃他不喜欢的食物，可以用营养功能相近的食物代替。

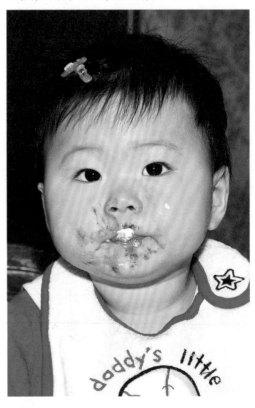

宝宝饮食安全小贴士

对于市面上一些添加较多油、糖、盐甚至其他添加剂的食品或饮料，如糖果、薯条、蛋糕，应该限制宝宝食用。

在食用过程中特别容易引起危险的食物，必须禁止宝宝食用，比如果冻。对于1~3岁的宝宝，坚果需要碾碎了才能食用；樱桃、橘子等有小核的水果，最好去核后再喂给宝宝。

生鱼片之类的生食容易被细菌感染或有寄生虫，所以不能给宝宝吃。

另外，宝宝用餐或吃零食的时候，爸爸妈妈千万不要逗笑或训斥宝宝，防止食物被呛到气管里，引起危险。

宝宝"无肉不欢"怎么办

肉类的营养价值高，是宝宝生长发育所必需的食品。但是如果偏好肉类的话，还是会导致营养失衡，所以妈妈要鼓励宝宝多吃蔬菜。

少用大块肉，并将肉与蔬菜搭配食用。如绞肉加洋葱、胡萝卜做成肉饼来代替里脊肉排；用肉末制作馄饨或饺子；罗宋汤中的蔬菜经过与牛肉一起长时间的熬煮，混合了肉的香味，宝宝也会比较喜欢。

尽量选购低脂肉类。妈妈应多选择饱和脂肪酸较少的鸡肉及鱼肉，在烹调时，则建议采用水煮、蒸等用油少的方式，可减少热量、预防肥胖。

限量吃肉。如果宝宝因为吃肉太多导致肥胖，严重影响身体健康时，可将肉类分量取出置于小碟中，严格地执行限量食用。但要一起用餐的每个家人都要采取同样行动才行。

宝宝"含饭"怎么办

有的宝宝吃饭时爱把饭菜含在口中，不嚼也不咽，俗称"含饭"。宝宝"含饭"的原因大多是没有养成良好的饮食习惯，导致宝宝的咀嚼能力弱。这样的宝宝常因吃饭过慢过少，得不到足够的营养素，营养状况差，影响成长发育。

对于"含饭"的宝宝，妈妈只能耐心地教，慢慢训练，绝不可以大声呵斥，让宝宝对吃饭产生厌恶和抗拒。妈妈可以在喂宝宝吃饭的时候嚼嚼口香糖，妈妈的咀嚼动作也能促发宝宝模仿，让宝宝更快地学会咀嚼。

不要用水果代替蔬菜

水果是宝宝不可缺少的食品。有些爸爸妈妈误认为吃水果可以代替吃蔬菜，特别是对于挑食不爱吃蔬菜的宝宝，更是将水果代替蔬菜食用。

这种做法是不对的，与蔬菜相比，水果中的膳食纤维和矿物质含量并不多，而且糖的含量较高，以水果代替蔬菜，不仅减少了膳食纤维和矿物质的摄入，还容易引发宝宝肥胖。

人体所需的各种维生素和膳食纤维及无机盐，主要来源于蔬菜。维生素是维持人体组织细胞正常功能的重要物质；无机盐对维持人体内酸碱平衡起重要作用；膳食纤维虽然不能被人体吸收，但可以促进肠蠕动，有利于排便。

蔬菜中的膳食纤维比水果多，糖分少，有助于预防宝宝肥胖。

疫苗接种

宝宝在1岁半到2岁期间，需要接种的计划内疫苗有：麻风腮疫苗、百白破疫苗、乙脑疫苗和甲肝疫苗。甲肝疫苗与乙肝疫苗不同的是，宝宝在1岁以内是不能接种甲肝疫苗的。

接种后不能使用抗生素和抗病毒类药物

接种疫苗后，一些宝宝会出现发热等症状，这都是很正常的接种反应，家长并不用担心。有一些家长来问我这种情况能不能用抗生素或抗病毒类药物时，我会告诉他们切记不能这样做。

因为疫苗本身就是细菌、病毒的灭活体或部分，给宝宝接种后，必然会刺激免疫系统，引起类似细菌或病毒感染的症状，但这比真正感染要弱很多，并不会导致宝宝生病。而且只有经历了这个过程，宝宝体内才能产生相应的抗体，以抵御今后的细菌或病毒侵袭，预防严重的感染性疾病。

应对接种后的正常发热，只要不是超过38.5℃的高热、严重咳嗽、严重皮疹等不适，家长们只要给宝宝物理降温就可以了，不需要给宝宝服药。而且即使是高热，也不能使用抗生素，否则会影响接种效果，正确的做法是及时就医，让医生判断是否需要用药。

第1剂甲肝疫苗

甲型肝炎是由甲型肝炎病毒（HAV）引发的肝病，而且病情通常比较严重，可以引起"流感类"疾病、黄疸、激烈胃痛及腹泻。甲型肝炎病毒存在于患者大便之中，通常通过与人密切接触进行传播，也可能通过被感染的食物和水进行传播。

预防甲型肝炎的最有效的方法是接种甲肝疫苗，但家长要注意，甲肝疫苗是不能给1岁以内的宝宝接种的。宝宝如果接种甲肝灭活疫苗，通常是在出生后18个月和24个月分别接种1次。

宝宝接种了甲肝疫苗后，在接种部位可能会有痛感，还可能伴有头疼、疲倦和食欲缺乏等不适反应，但在1~2天内会很快消失。

接种后出现过敏反应的概率很小，如果在接种后的几分钟至几小时内出现严重的过敏反应，就要及时就医。

📋 为什么有的疫苗需要强化接种

很多家长在看到疫苗接种一览表的时候，不清楚有的疫苗为什么会有强化接种。其实，这是因为这些疫苗并不是1次接种就能达到终身免疫效果的，甚至连续接种几次也未必能终身免疫，所以才会强化接种。

医生会通过检测血中相应疫苗接种后的抗体（IgG）水平，准确地了解疫苗接种后的效果。而要想准确得知预防接种后相关抗体的状况，至少要在最后一次接种后6个月才能进行检测。然后根据体内相应抗体的水平，决定什么时候进行强化接种。

一些病毒（如风疹）检查会有IgG和IgM两项内容，IgG表示体内抗体状况，比方说风疹IgG呈阳性，就表示体内有抗风疹抗体。可以检测的抗体（IgG）有乙肝、甲肝、乙脑、水痘、风疹、麻疹、腮腺炎等。而IgM表示近期感染的征象。比方说麻疹IgM检测呈阳性，就可以诊断为麻疹病毒感染。

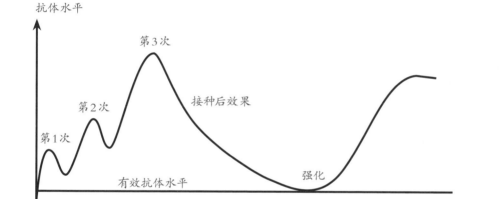

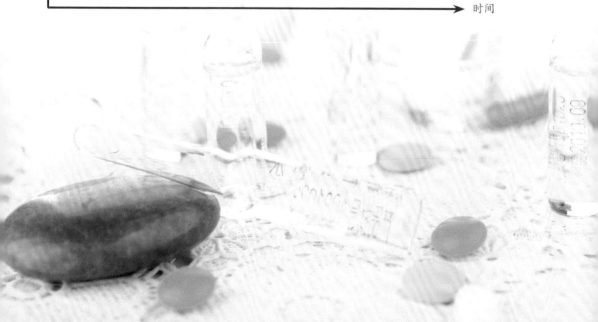

疾病与用药经验谈

父母做好预防，可以使宝宝少遭受小病小灾的痛苦。一旦感染疾病或出现异常情况，父母也不用过于慌张，只要护理得当，宝宝会很快好起来的。同时要注意宝宝的用药安全，如果自己拿捏不准时，要及时咨询医生。

口腔溃疡

口腔溃疡是一种反复发作的口腔黏膜溃疡性损害，病因尚不清楚，可能与内分泌障碍、胃肠功能紊乱、肠道寄生虫、病毒感染、局部刺激等因素有关。口腔溃疡可发生于任何年龄，6个月到2岁的宝宝也时常发生。

◎症状

初期口腔黏膜会有灼烧感，接着会发红，并形成许多小溃疡，相当疼痛。常见部位在舌侧黏膜、口腔底部和舌头部位。口腔溃疡发作时，宝宝会因疼痛而烦躁不安、哭闹、拒食、流涎。口腔溃疡还可引起发热、口腔破溃、睡眠不安等。

◎护理方法

1.把1~2片维生素C片剂碾碎，撒于溃疡面上，让宝宝闭口片刻，每天2次。这个方法虽然有效，但会引起疼痛，需要宝宝的配合。

2.将1汤匙全脂奶粉加少许白糖，用水冲服，每天2~3次。通常服用2天后溃疡就会开始痊愈。

3.不要给宝宝吃酸、辣或咸等刺激性的食物，否则宝宝的溃疡处会更痛。让宝宝吃清淡的流食，以减轻疼痛。

厌食症

厌食症是指宝宝较长时间的食欲缺乏，一般由于多种因素的作用，使宝宝消化功能及其调节受到影响而导致厌食。宝宝长期厌食会影响生长发育，所以家长除了要密切关注宝宝的饮食情况，及早发现和诊治外，更应该重视引起厌食症的原因。

1.给宝宝吃太多零食、餐前喝大量饮料、进食时注意力不集中等不良习惯，会扰乱或抑制胃酸及消化酶的分泌，使宝宝食欲减退。

2.强迫宝宝进食，必然会影响进食时的情绪，使宝宝产生了"进食等于受罪"的错觉，逐渐形成条件反射性拒食，最终发展为厌食。

3.多种急慢性疾病，如病毒性肝炎、结核、肠道寄生虫、贫血等，也会导致宝宝厌食。

4.缺锌也会导致厌食。

📋 手足口病

手足口病是一种因肠道病毒感染而引发的传染性疾病，多发于0~3岁宝宝。其症状先是咳嗽、流涕、哭闹，有的不发热，也有的低热，两三天后，会在手掌、脚掌、口腔内出现直径3毫米左右的红疹，或出现口腔黏膜疱疹。有的宝宝不发热，只表现为手、足、臀部皮疹或疱疹性咽峡炎，病情较轻。大多数宝宝在1周内体温下降、皮疹消退，病情恢复。如果症状较为严重，会在发病1~5天出现脑膜炎、脑炎、脑脊髓炎、肺水肿、循环障碍等。

如果是口腔内的疮破裂，会影响宝宝进食，也会表现为流口水、发热等症状。

◎ 家庭护理

1.此病在春夏季节较为流行，所以高发季节最好不要带宝宝到公共场所，外出时做好防护工作，以防被传染。

2.如果宝宝得了手足口病，注意让宝宝多喝水、果汁等，一般轻症在家里护理就可以痊愈。

3.如果出现持续发热、呕吐、哭闹、烦躁不安或精神萎靡等症状，就需要马上就医。

4.防止宝宝用手挠破水疱而感染。

📋 尿路感染

尿路感染又称泌尿系感染，简称"尿感"，是由于细菌侵入尿路而引起的。尿路感染可发生于宝宝任何年龄，2岁以下的宝宝发病率较高，尤其是女宝宝，发病率为男宝宝的3~4倍。

◎ 症状

宝宝出现尿路感染时，全身症状常伴有腹痛、呕吐、发热等，部分可表现为尿道口红肿、尿频、尿急、尿痛或血尿，因尿频而致尿布疹，宝宝排尿时哭闹、尿恶臭。

◎ 防治护理

1.急性尿路感染时，应让宝宝卧床休息，多饮水，勤排尿，缩短细菌在膀胱内的停留时间。

2.认真做好宝宝的外阴护理工作，每次大便后应清洁臀部，最好不要让宝宝穿开裆裤，勤换内裤。

3.如果男宝宝的包皮过长，应注意清洗，必要时做手术。

用连裆裤替代开裆裤，可以有效预防宝宝出现尿路感染。

☾ 睡眠

1岁半的宝宝每天需睡13个小时左右,白天要睡1~2次,每次2~3个小时。夜间充足的睡眠,对宝宝成长发育意义重大,因此,爸爸妈妈要学会及时调整宝宝的睡眠习惯,让宝宝拥有一个好睡眠。

📋 怎么减少宝宝睡觉磨牙

1.睡前给宝宝泡个热水澡、听柔和舒缓的音乐、读轻松的小故事、按摩,有助于宝宝身心放松。

2.宝宝磨牙时,可以轻抚宝宝的下巴,注意动作要轻柔,不要碰醒宝宝,打断宝宝的睡眠周期循环。

3.观察宝宝的日常生活,多鼓励、安慰宝宝,减少宝宝的心理负担。

4.如果磨牙还伴有感染症状、耳疾或其他疾病,就要及时带宝宝去医院诊治。

📋 早睡早起身体好

宝宝是在睡眠中成长起来的。虽然宝宝随着年龄的增长,睡眠质量好,睡眠时间会渐渐减少,但只要保证早睡早起,就能使身体发育得很好。

宝宝早睡,有利于长个。因为生长激素都是在宝宝睡着之后分泌的,如果晚上10点以后仍不入睡,细胞新陈代谢将受到影响,进而影响身高和智力的发育。

早睡早起可保证宝宝白天的精力和体力,能够显著改善白天瞌睡、磨人以及焦躁的现象。

睡觉打滚

有些宝宝睡觉时到处滚动,一点儿都不老实。这是因为宝宝新陈代谢比较活跃造成的。为了防止宝宝睡觉时掉下床,可以在床边的地板上铺上软垫,以防掉下床后撞在地板上;也可以在床边上放上枕头,挡住宝宝。让宝宝睡在装有护栏的小床上是最安全的。

护理

　　1岁半的宝宝越来越活泼好动了，在保护好宝宝好奇心的前提下，爸爸妈妈要为宝宝把好关，选择合适的玩具，选择安全的玩耍场所；护理好宝宝，让宝宝少生病、不生病；此外还要有意识地引导宝宝的性格发展。

📋 夏季不要让宝宝光着身子

　　夏季天气炎热，宝宝身上汗涔涔的，为了让他（她）更凉快些，妈妈经常让宝宝光着身子玩，甚至是午睡，这是不科学的。

　　宝宝光着身子不仅不能保证皮肤清洁，而且容易受到外伤。另外，宝宝的肚子极易受凉，从而引起腹泻。

📋 宝宝有"恋物癖"怎么办

　　宝宝恋物是一种成长过渡期的依恋行为，产生依恋行为的时间，绝大多数发生在6个月至3岁，在2岁时表现最为强烈。

　　宝宝依恋的对象大都是比较柔软的物品，如毛绒玩具、小毛毯、小手绢等，它们是宝宝心理安全感的依靠，尤其在白天变成黑夜、宝宝想睡又怕失去关心时，不安全感会大大增加，此时这些物品对宝宝来说非常重要。

　　宝宝恋物是一种心理需求的体现，会随着成长慢慢消失，一般不要采取粗暴的态度、强硬的方式进行纠正。

　　爸爸妈妈平时要多拥抱宝宝，避免硬性让孩子与父母分开睡，睡前可以给宝宝讲个小故事，或在卧室放一盏小灯，减少宝宝的恐惧。爸爸妈妈还可以多准备几个替代物，如两三个小枕头、几个相似的毛绒玩具，分散宝宝的注意力。

毛绒玩具的选购和安全

药剂师妈妈育儿经

　　用手捏一捏，如果质感坚硬或有块状的填充物，就是不合格的，玩具上有纽扣、金属小饰品等也会有安全隐患。看产品及包装袋上是否有标注适用的年龄范围和警示说明，是否标明洗涤和消毒的方法。

　　使用要点：定期为毛绒玩具清洗消毒。至少每周洗一次，并在太阳底下暴晒。

📋 说话含糊可能是舌系带过短

有些宝宝在说话的时候总是不清楚，有些字总是发不准音，让爸爸妈妈很担心，这有可能是舌系带过短导致的。

宝宝进入了语言学习阶段，如果舌系带过短，会影响宝宝的发音，发现后要及时处理。舌系带过短，即宝宝把舌头伸出来时，舌尖很短，严重者成"W"形。

对于许多宝宝来说，这种情形会随着年龄增长而逐渐趋于正常，同时也不影响发音和吐字。如果爸爸妈妈不放心的话，可以带宝宝去医院小儿口腔科进行检查。

📋 宝宝口吃怎么办

口吃是一种常见的语言障碍，其中大多数随着年龄的增长可自愈，真正患口吃的宝宝只有1%~4%。口吃的宝宝说话时重复、拖长音，还做各种怪动作，如挤眼、梗脖子、摇头等。当宝宝受到惊吓、家庭不和睦或突然改变环境等，都可能出现口吃。

家长不要过分注意宝宝的语言缺陷，不要强硬矫正，这样可以减轻他（她）紧张的心理，在宽松的环境中，让宝宝与家长一起慢慢地、有节奏地说话或朗读。一旦他不口吃，就及时表扬、鼓励。也可在与宝宝游戏时来进行语言训练，让宝宝体验说话是件很自然、很轻松的事情，不是一件可怕的事情，即使有一点口吃也不用在乎，不必紧张。

📋 宝宝晚说话与智力有关吗

由于个体的差异，宝宝在语言能力方面有开口早与晚、表达清晰与不清晰的区别。如果爸爸妈妈发现宝宝说话晚，可在家对宝宝进行测试。检查宝宝对爸爸妈妈、对周围其他人的简单语言能否理解；检查宝宝是否会用非语言来表达自己的意愿。或者带宝宝去医院，检查宝宝的听力、舌系带或者声带等发音器官有没有问题。如果上述都是正常的，那么，宝宝说话晚或语言发展较缓慢，就与智力无关。

一般来说，亲子沟通较多的宝宝语言发展要早于缺乏沟通的宝宝。如果宝宝3岁后仍然发音不清晰，听不懂别人的话，或者宝宝平时都是沉默寡言的，爸爸妈妈就需要带宝宝去儿科看看了。

多进行亲子交流和沟通，宝宝的语言发育通常就比较早。

📋 别让宝宝长时间看电视

电视可以开阔宝宝的眼界，增长知识，但是看电视时间过长，距离过近，会伤害宝宝的眼睛，妨碍睡眠，甚至影响宝宝成长发育。

1岁以内的宝宝应忌看电视；2岁时，看电视20~30分钟就应休息一段时间；3岁也不能超过1个小时。看完电视后应带宝宝到外面玩，舒缓一下眼睛的疲劳感。

眼睛与电视的距离以大于1.5米为宜；从正面看电视，画面高度应比双眼高度稍低一些。

看电视时室内应有弱光照明，自然光线更好。电视屏幕的亮度要适中，音量不要太高。

睡前不宜看惊险、容易兴奋的节目，且看电视后要洗脸再睡。

📋 保护宝宝的牙齿

如果宝宝现在还有吮吸橡皮乳头的不良习惯，妈妈就要及时纠正宝宝，以防出现牙齿排列不齐和面颌部畸形。

不要让宝宝养成睡前吃糖果、饼干，喝甜牛奶的习惯。因为这些食物容易粘在宝宝口腔黏膜或牙面上，睡觉时唾液分泌减少，口腔细菌分解食物残渣发酵、产酸，会腐蚀牙齿，形成龋齿。

让宝宝养成早晚刷牙的好习惯，饭后要漱口，口腔应保持清洁。

平时多观察宝宝牙齿的颜色、形态及数目，如有异常，应及时请牙医检查。如果发生龋齿，应及早治疗。

训练宝宝自己大小便

爸爸妈妈不要过早强求训练宝宝大小便，要等到宝宝大肠运动变得有规律、白天能连续保持2个小时尿布不湿、从小睡中醒来时尿布也是干的时候，就表示宝宝的神经发育成熟，可以控制大小便了。这时候可以给宝宝进行适当的训练，这个时间一般在2岁左右。

训练宝宝自己大小便，首先应选择一个合适的便盆。可以买一个专门为幼儿设计的便盆，这样既舒适，又方便。

爸爸妈妈要注重培养宝宝定时大小便的习惯。每天清晨或晚间培养他（她）坐盆解大便的习惯，形成条件反射，避免便秘发生。

排便后要教宝宝将手洗干净，养成良好的卫生习惯。

每次训练排便应控制在5分钟以内，时间过长效果会不好。

📋 不宜再穿开裆裤

1岁多的宝宝已经能站立并开始学习行走，在这个阶段，白天已很少用尿布了，可是由于宝宝此时行走不稳，最容易在地上爬、坐，而地上往往很脏，身体暴露部位易受污物侵染而引发疾病。

随着宝宝的长大，宝宝的活动范围也随之增大，穿开裆裤使臀部裸露在外，前后通风，还会使冷风直接灌入腰腹部和大腿根部，特别是冬天易着凉，造成感冒或腹泻。

宝宝穿开裆裤暴露臀部、外阴部，在活动时就更容易受伤。此外，女宝宝外阴部由于生理的原因和开裆裤的暴露性容易被感染，患上尿道炎、膀胱炎、泌尿系统感染，男宝宝容易玩弄生殖器而养成不良习惯。

宝宝穿开裆裤时间长还会养成大小便无规律和随地大小便的不良习惯。

📋 户外玩耍要注意卫生

宝宝喜欢户外活动，看到新奇的东西都会摸一摸、碰一碰。户外的一些公共设施清洁卫生做得不到位，所以每次从外面回家后，都要让宝宝把手洗干净。外面的沙土是宝宝喜欢玩耍的工具，但目前各个小区饲养的宠物较多，猫狗粪便中的寄生虫难免污染沙土，也容易侵袭玩沙土的宝宝，因此一定要注意宝宝在户外玩耍时的卫生，选择干净的沙土让宝宝玩。

宝宝在外面玩耍时，看护人要注意不要让宝宝的手与口腔、鼻腔、眼睛接触。

培养宝宝的思维能力

幼儿期宝宝的思维特点是直觉性、具体性，而且抽象逻辑性思维也开始萌芽。所以要通过观察和思考从小培养宝宝的思维能力。

给宝宝创造充分思考问题的机会，可以给宝宝提出任务，并精心设计、创造条件。即使宝宝遇到了较大的困难，爸爸妈妈也不要急于直接给予解答，只有当宝宝通过自己的努力完成任务时，才会真正有效地锻炼和提高思维能力。

让宝宝有自由活动的机会。要和宝宝一起玩，在玩的过程中让宝宝多动脑筋，多想办法。宝宝天性活泼好动，见到新奇的东西，就要去动一动、摸一摸，这些都是求知欲的表现。爸爸妈妈切不可阻止宝宝，以免挫伤宝宝思维的积极性。

借助跟宝宝对话的机会，帮助宝宝正确认识事物，掌握相应的词汇，以培养宝宝会用规范的语言表达自己认知的能力。

鼓励宝宝帮爸爸妈妈做事

多数宝宝都能自己上下楼梯、吃饭、喝水，而且不愿让大人帮忙。很多宝宝很乐意帮爸爸妈妈做事，爸爸妈妈大可不必担心宝宝把事情搞砸，要知道，这不仅能够锻炼宝宝动手做事的能力，还能培养宝宝热爱劳动的品质。

帮助宝宝提高自我评价，克服嫉妒心理

◎及时缓解嫉妒情绪

爸爸妈妈和朋友打电话忽略了宝宝，看到别的宝宝拥有自己没有的玩具……这些被忽略的事都可能会引发宝宝的嫉妒心。内向的宝宝会吸吮手指或者抓抱着自己的、大人的脸或者抚弄头发，外向的宝宝则会通过尖叫、哭闹或具有攻击性的行为来发泄。嫉妒是宝宝成长过程中不可避免的一种情绪，是宝宝的一种本能，不必因为宝宝嫉妒而担心以后会心眼小，只需及时缓解他(她)的情绪即可。

◎要理解宝宝的嫉妒心

当宝宝满心嫉妒，比如邻家小朋友新买了一个自己没有的小玩具而对他充满了敌意时，妈妈只要对宝宝的感受表示理解就可以了，千万不能说："我们也去买一个同样的玩具吧！"这样的处理方式会变相鼓励宝宝的嫉妒情绪，从而诱发宝宝的攀比欲。

妈妈的鼓励能让宝宝获得认可和满足感，有助于克服宝宝的嫉妒心理。

◎减少使宝宝产生嫉妒的环境刺激

如果宝宝因为邻家小朋友拥有某个玩具而产生嫉妒，妈妈可以用家里的宝宝喜欢的玩具来玩一些有趣的游戏。宝宝对别人的玩具只是感到新奇，并没有贵贱之分。如果宝宝因为妈妈的注意力转移到其他小朋友身上而产生嫉妒心理，妈妈可以告诉宝宝这个小朋友是客人，作为主人应该多照顾小朋友，然后让宝宝和自己一起招待小朋友。

◎帮助宝宝提高自我评价

这是克服宝宝嫉妒心的有效途径之一。妈妈一旦发现宝宝产生嫉妒的情绪，千万不要拿他和别的小朋友比，不要说"你看看，某某从不像你这样"，这种比较对缓解宝宝的嫉妒情绪毫无意义，还可能严重地挫伤宝宝的自尊心，诱发宝宝对比较对象产生敌意。可以抱抱他、抚摸他，告诉他，他真的很棒就足够了。

2~3 岁

➕ 积极防治龋齿

宝宝在这一阶段的大运动能力得到很大的提高,多数宝宝已经能够独立行走。宝宝的体重增长没有之前那么明显了,身长增加很平稳。爸爸妈妈要持续做好宝宝的成长监测,借此判断宝宝的营养健康状况。

爸爸妈妈小任务

☐ 注重宝宝饮食营养均衡

☐ 少带宝宝吃快餐

☐ 预防宝宝龋齿

☐ 给宝宝检查视力

☐ 训练宝宝自己洗漱

☐ 注重培养宝宝自理能力

☐ 灌输交通安全意识

☐ 培养宝宝"广交"朋友

☐ 做好入园准备

> 宝宝的视力检查,1岁半以前用选择观察法,1岁半至3岁用点视力检查仪检查,3岁以上用儿童视力表或标准对数视力表检查。

◎ 身体发育情况

2~3岁宝宝的身长和体重在稳步增加,3岁以后,宝宝的身高受遗传因素的影响开始明显了。3岁宝宝的头围在48~51厘米,3岁以后,已经很难看出宝宝头长大了。宝宝的20颗乳牙会在2岁至2岁半之间出齐。

◎ 能力发展标准

视觉:宝宝喜欢看色彩丰富的图片,并且会挑错,3岁宝宝的视力可以达到0.6。

听觉:给宝宝讲故事,宝宝能听懂,并能回答爸爸妈妈提出的相关问题。

语言:3岁左右的宝宝开始沉浸在自言自语的快乐中,能说出包括主、谓、宾的完整句子。

运动:走、跑、跳、站、蹲、坐、摸、爬、滚、登高、跳下、越过障碍物,3岁宝宝的运动能力,应有尽有,无所不能,无所不会,真正成为全能型"运动员"了。

社会性:宝宝开始有了强烈的独立愿望,愿意按照自己的意愿做事,有了更多感兴趣的事情要做,开始独自忙碌自己的事。宝宝的依赖性与独立性同步增强。

◎ 体格发育标准

项目	体重(千克)	身长(厘米)	头围(厘米)	胸围(厘米)
满3岁	男:10.6~20.6 女:10.2~20.1	男:86.3~109.4 女:85.4~108.1	男:约51.4 女:约50.3	男:约50.8 女:约49.8
测量自家宝宝				

药剂师妈妈说喂养

　　宝宝现在有了一定的独立自主性，吃饭时可以自己拿碗筷，可以拿自己喜欢的食物吃了，但是在饮食上依然有很多要求。除了一日三餐外，要给宝宝添加一些零食，以保证能量的供给。

别让宝宝吃成"小胖子"

　　肥胖会加重心肺负担，影响心肺功能，甚至可能由于肺炎而导致心肺功能不全。肥胖的宝宝在取血化验、静脉输液时都会遇到一些困难，在病情危重时难免影响抢救和治疗。很多肥胖的宝宝还有潜在高血压、高血脂和动脉硬化的隐患。

别给宝宝吃过多巧克力

　　巧克力含脂肪、热量较高（是牛奶的7~8倍），但蛋白质较少，钙、磷比例也不合适，含糖量也较多，不符合宝宝生长发育的需要。而且吃太多的巧克力往往会导致食欲低下，影响宝宝的生长发育。所以不要让宝宝长期、过量吃巧克力，只能把巧克力当作偶尔的零食。

少带宝宝吃快餐

　　大部分宝宝喜欢吃汉堡、奶油冰激凌、炸薯条以及涂满奶酪的比萨饼等快餐食品。但这些快餐食物中所含的饱和脂肪酸会阻碍宝宝大脑的发育，宝宝长期食用动物性高脂肪食品后，会导致智力下降，并影响今后的学习能力。

宝宝吃零食的原则

　　时间：不要离正餐太近。零食最好安排在两餐之间，如上午9:30~10:00之间，下午睡觉醒后、晚餐前2小时左右。

　　数量：要讲究少量和适度的原则。在食用量上零食不能超过正餐，而且吃零食的前提是当宝宝感到饥饿的时候。

　　频率：一天不超过3次。次数过多的话，即使每次都吃少量零食也会积少成多，渐渐地还会养成"嗜吃"零食的坏习惯，增加患龋齿的概率。

　　方法：不拿零食当奖励品。如果将零食作为奖励、惩罚、安慰或讨好宝宝的手段，时间长了，宝宝会更加依赖。

药剂师妈妈育儿经

📋 要注意宝宝营养缺失的信号

如果妈妈足够细心，当宝宝某些营养素缺乏时，可以从一些警示信号中得到提示。爸爸妈妈要善于观察宝宝的表现，及时给宝宝补充营养。

◎ 缺乏蛋白质和铁

发现宝宝郁郁寡欢、反应迟钝、表情麻木，妈妈要检查下宝宝体内是否缺乏蛋白质和铁，考虑多给宝宝吃一点水产品、肉类、奶制品、禽畜血、蛋黄等高铁、高蛋白的食品，看症状是否会改善。

◎ 缺乏维生素

宝宝忧心忡忡、惊恐不安、口角发炎，表明宝宝体内B族维生素不足，此时应及时补充一些豆类、动物肝脏、核桃仁、土豆等富含B族维生素的食物。

宝宝情绪多变、爱发脾气，多与过量吃甜食有关，被称为"嗜糖性精神烦躁症"，这时候除了减少甜食外，还应多添加点富含B族维生素的食物。

宝宝固执、胆小怕事，可能是因维生素A、B族维生素、维生素C及钙质摄取不足所致，应给宝宝多吃一些动物肝脏、鱼、虾、奶类、蔬菜、水果等食物。

◎ 缺乏锌元素

如果宝宝多动、反应慢、注意力不集中，且舌味觉功能减退，容易患呼吸道感染、口腔溃疡等多种疾病，且不容易治愈，这表明宝宝缺锌。严重缺锌的宝宝，还可出现"异食癖"。此时，应给宝宝多补充富含锌的食物，如牡蛎、瘦肉、猪肝、鱼类、鸡蛋、黄豆、玉米、扁豆、土豆、南瓜、白菜、萝卜、蘑菇、茄子、核桃、松子、橙子等。

强化食品不可滥吃

强化食品是指在普通的食品如面包、饼干、糖果中，添加一定数量的特定营养素，以补充这种营养素的不足。一般是食欲缺乏、挑食厌食、营养不良，以及久病初愈、身体衰弱或正在病中的宝宝，需要有针对性地补充某种营养素。家长在准备给宝宝使用强化食品时，应在医生的指导下，明白宝宝到底缺什么，而不能随便食用。

其实，哺育宝宝的关键在于日常饮食的搭配合理、营养平衡，再加上必要的锻炼和训练，给宝宝充足的阳光、新鲜的空气，以增强体格，强化食品只是辅助补充，而不能本末倒置。

膳食纤维对牙齿有利

爸爸妈妈都希望宝宝有一副整齐洁白的牙齿。好的牙齿除了要补充足够的钙质外，还需要多吃些富含膳食纤维的食物。因为进食富含膳食纤维的食物时，必须要经过反复咀嚼才能吞咽下去，而咀嚼有利于牙齿发育。

◎ 有利于牙齿和牙龈组织健康

经常有规律地咀嚼适当硬度、弹性和膳食纤维含量高的食物，特别有利于牙齿和齿龈肌肉组织健康。这样可使附着在牙齿表面和牙龈上的食物残渣，随咀嚼产生的唾液和口腔、舌部肌肉的摩擦得到清扫，同时使齿龈肌肉得到按摩，增进血液循环，增强肌肉组织的健康。

◎ 促进颌骨发育

另外，颌骨的发育受到咀嚼、吞咽、发声等有关肌肉的影响。在宝宝发育旺盛时期，咀嚼对颌骨的发育至关重要。幼儿时期缺少适当的咀嚼，是造成颌骨发育不良、牙齿生长排列不整齐的原因之一。

直接吃水果比喝果汁好

有些妈妈可能觉得相比固体水果，液体的果汁更加方便，认为鲜榨果汁就等同于水果，而且喝果汁比吃水果更安全，不用怕宝宝被噎到，所以妈妈们干脆就用果汁代替水果了。其实，这样做是不正确的。

直接吃水果有助于锻炼宝宝的咀嚼能力，对牙齿和牙龈组织都有益。

鲜榨果汁可以保存水果中的大部分水溶性维生素，如维生素C、B族维生素，以及矿物质钾和可溶性的膳食纤维，但是大部分的膳食纤维和部分钙、镁等矿物质仍然保留在果渣中，不能被宝宝"喝"掉。而且经常喝果汁不吃水果，并不利于宝宝锻炼咀嚼能力。所以，即使是现榨果汁也不能代替水果。

3岁以下宝宝不宜喝茶

3岁以下的宝宝都不宜喝茶，茶中的鞣酸与肠胃中的铁质反应后，会形成不溶解的铁质，长期饮用易导致贫血。茶叶里含有鞣酸和茶碱，这两种成分进入宝宝体内，会抑制宝宝身体对一些微量元素的吸收，如钙、锌、铁、镁等，导致宝宝出现营养不良。此外，茶有利尿功能，在利尿过程中，鞣酸和茶碱还会造成钙、磷等矿物质的流失，从而影响身体对营养的吸收。

疫苗接种

　　宝宝在满3岁的时候需要接种A群流脑疫苗（第3剂）或A+C群流脑疫苗。A+C群流脑疫苗通常在宝宝3岁和6岁的时候各接种1次。肺炎球菌疫苗，一般健康的宝宝不主张选用，但体弱多病的宝宝应该考虑选用。

📋 A 群流脑疫苗和 A+C 群流脑疫苗

	A群流脑疫苗	A+C群流脑疫苗
预防疾病	A群脑膜炎球菌引起的流行性脑脊髓膜炎	A群及C群脑膜炎球菌引起的流行性脑脊髓膜炎
接种对象	6~18月龄的宝宝	2岁以上的儿童和成人
接种剂次	4次	2次
接种时间	前2剂分别在6个月、9个月接种，后2剂分别在3岁、6岁接种（现用A+C群流脑疫苗代替）	3岁、6岁各接种1次（代替A群脑疫苗）
接种部位	上臂外侧三角肌附着处	
剂量	每剂0.5毫升	
接种反应	少数宝宝注射局部出现红晕、硬结，可能会有低热，1~2日内消退	
注意事项	有过敏史、惊厥史、脑部疾病、肾脏病、心脏病、活动性肺结核、发热者不宜接种	

　　按照最新扩大免疫程序的规定，流脑疫苗接种4剂，前2剂用A群流脑疫苗，是基础免疫，2剂次间隔不少于3个月。第3、4剂用A+C群流脑疫苗，为强化免疫，3岁时接种第3剂，与第2剂间隔时间不少于1年；6岁时接种第4剂，与第3剂接种的时间间隔不少于3年。

📋 肺炎疫苗

肺炎是一种呼吸道炎症，多是肺炎球菌感染引起的，也可能是病毒、真菌、寄生虫等致病微生物引起的，所以即使接种了肺炎球菌疫苗，也只能避免或减少此种细菌引起的肺炎，并不能预防所有的肺炎。但是对于体弱多病的宝宝来说，还是应该考虑接种。

◎ 肺炎疫苗中的"价"是什么意思

肺炎球菌有多种血清型，也就是常说的"价"，7价肺炎球菌疫苗（PCV7）预防其中的7型，13价肺炎球菌疫苗（PCV13）预防其中的13型，这两种疫苗适用于5岁以下的宝宝。给2岁以后有慢性病或免疫力低下的人群预防接种的是23型，这也就是说只有2岁以后的儿童、成人、老人患有慢性病，如免疫功能低下、慢性肾病、糖尿病、先天性心脏病等，才需要接种23价肺炎球菌疫苗，没必要所有人都接种。

◎ 7价肺炎球菌疫苗

现在我国进口的针对宝宝的肺炎疫苗仍然是7价的，还没有13价。13价疫苗的预防范围比7价的要大一些，但实质上并没有太大差异。如果7价和13价交替接种，也不会出现任何不良反应。7价肺炎球菌疫苗适用于所有宝宝，常规接种时间是在出生后2、4、6个月和12~15个月之间共4次。如果没有按时接种，在宝宝5岁以内都可以接种，但是接种的次数与初次接种的时间有关：

初次接种时间	剂次	间隔
3~6个月	4	前3剂之间间隔≥1个月，第4剂在宝宝12~15个月大接种
7~11个月	3	前2剂之间间隔≥1个月，第3剂≥13个月接种，与第2剂间隔≥2个月
12~23个月	2	2剂之间间隔≥2个月
1~5岁	1	——

为什么防疫站的 7 价肺炎疫苗的接种时间和说明书不同

防疫站对第1剂7价肺炎疫苗的推荐接种时间是7个月，而说明书上说的是3个月，有些家长会对此存有疑问。

因为7价肺炎球菌疫苗属于计划外疫苗，宝宝在2~6个月内还会有计划内疫苗需要接种，所以会把这个疫苗稍稍延后接种，这是可以的。其实，肺炎疫苗也是可以和其他疫苗同期接种的。

疾病与用药经验谈

2~3岁的宝宝容易出现细菌感染性疾病，这是这一时期宝宝的行为特点决定的。爱玩爱动也会出现一些意外状况，如手指被东西扎伤等，所以家里要常备相关药品。

📋 积极预防和治疗龋齿

在现实中，不少爸爸妈妈认为乳牙反正迟早都要换成恒牙，就算有龋齿也没关系，乳牙掉了恒齿出来就没有龋齿了，平时没必要护理，也不用去医院治疗。

事实上，龋齿部位下面正在成长的恒牙，由于受到侵蚀，往往也易于龋变而发生早期脱落。因此，早期治疗能使宝宝终身受益。

所以2岁到2岁半，宝宝20个乳牙出齐时，爸爸妈妈要带宝宝经常到医院检查牙齿，至少每半年检查一次，出现龋齿及时治疗。

治疗龋齿的同时，爸爸妈妈要指导宝宝天天刷牙。早晨起床后和睡觉前各刷1次，这时可以用含氟牙膏，它可以增强牙釉质中的抗酸能力。另外要控制甜食，平时不要吃过多的糖果，尤其是黏性甜食。

📋 睑腺炎

睑腺炎又叫"针眼""麦粒肿"，是眼睑的一种急性化脓性炎症。在开始的时候，局部会有红肿、疼痛，随后眼睑会隆起一个比米粒小的疱，触压时会感到疼痛。红肿后经过一段时间会化脓，数天后会穿破出脓。

◎ 防治护理

1.预防睑腺炎最关键的因素是注意卫生，告诉宝宝不要用手揉眼睛，同时加强体育锻炼，保证足够的睡眠。

2.宝宝患了睑腺炎后要及时治疗，因为早期症状轻微，通过局部治疗往往就能控制其发展，炎症可很快消退而治愈。

3.可以用干净的热毛巾湿敷，每次15分钟，每天3次。热毛巾的温度约45℃，父母可先用手背或自己的眼睑皮肤试温。

4.在患处涂眼药膏或滴眼药水。一般白天滴消炎眼药水，如利福平、托百士等，每3~4小时1次。晚上睡前涂消炎眼膏。

📋 宝宝晒伤的处理

当宝宝的皮肤在太阳光紫外线下暴露时间过长时，就会造成晒伤。如果宝宝的晒伤不严重，妈妈可以把一块布、毛巾或纱布在凉水里浸湿后拧干，轻轻敷在宝宝晒伤的部位。每天敷上几次，每次10~15分钟，但要注意不要让宝宝着凉。或者在微温的洗澡水中加入一勺小苏打粉，让宝宝泡澡，这样也可以为皮肤降温，缓解红肿。无论用以上哪种方法处理晒伤，都要为宝宝轻轻涂上一层补水保湿乳液，保证宝宝的皮肤得到充足的水分滋养。

如果宝宝的晒伤比较严重，出现了水疱，要马上带去医院，医生会为宝宝开晒后滋润霜或治疗水疱的药膏。

📋 手指扎刺

宝宝在玩耍中将木刺扎入皮肤，应当立即设法拔出来。肉眼看得见的小刺一般可以用镊子或指甲剪拔出，但要注意卫生，必须洗净双手。镊子必须用火柴、打火机或煤气炉高温烧过，进行消毒，冷却后才可以使用。消毒后不要拭去镊子上的烟垢，也不要触及镊子的末端。

如果小刺太短夹不住时，也可以用针挑出来。在挑刺前，将针用酒精浸泡或在火上烧一下，挑刺时可用左手拇指、食指将有刺的部位捏紧，顺着刺扎入的方向慢慢将皮肤挑破，再将刺拔出来，然后用碘伏消毒伤口，防止化脓。

如果小刺扎得较深，就得找医生处理，不要自己动手，以免弄巧成拙。如果是大刺或已深入皮肤，不要自行取出，应该立即到医院就诊。

扁桃体炎

扁桃体炎是由细菌或病毒感染引起的，多发生于7岁以前的宝宝。主要症状是吞咽困难，因为咽部疼痛也会发生咳嗽和呕吐，病重者会发生惊厥，其颈部及颌下的淋巴结肿大，可以摸到硬块，一触就痛。如果有发热的症状，且肿痛得无法进食，则需要立即就医治疗。

家庭护理：

1.房间温度和湿度要适宜，不要太热和过于干燥。

2.每天坚持多喝水或果汁。

3.冷冻的水或冰激凌可以缓解肿痛，但不适用于小婴儿。

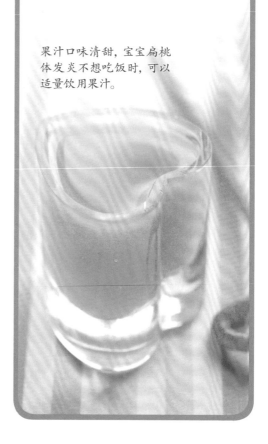
果汁口味清甜，宝宝扁桃体发炎不想吃饭时，可以适量饮用果汁。

睡眠

2~3岁的宝宝，自我意识变得很强烈，宝宝如果困了会告诉妈妈要睡觉，或自己上床睡觉。如果宝宝睡眠很自然，爸爸妈妈的照顾就不要过于精细敏感，比如尽量让宝宝在睡前洗漱，而不要在宝宝睡着后再唤醒。

📋 培养宝宝独睡的好习惯

爸爸妈妈要帮宝宝养成独睡的好习惯。让宝宝睡到自己的床上，把闹钟定时到几分钟后响，告诉宝宝铃响前你会回来看他(她)。如果你回来时宝宝好好地躺在床上，就抚摸他(她)的后背作为奖励，以后逐渐延长时间，也可以给宝宝讲故事、哼唱童谣儿歌，直到宝宝入睡。

如果已经几次亲吻、道晚安了，宝宝还是不肯睡。那就不管怎么哭闹，都要等上20分钟再进去看他(她)。如果宝宝还在哭，就告诉他(她)该睡觉了，然后离开。每天如此做，直到宝宝适应独睡为止。

📋 说梦话很正常

大约一半的宝宝都会在半夜说梦话，梦中喃喃自语、发出怪声，甚至会自言自语半天。有时候声音很轻，有时候却很大声，甚至情绪很激烈。宝宝说梦话通常不会持续很长时间，内容有趣又纯真，爸爸妈妈大可不必过于紧张。如果说梦话的声音太大、次数频繁，就要引起注意了。

减少宝宝说梦话的频率

方法1：缺乏睡眠的宝宝更容易说梦话，所以要关注宝宝的睡眠是否足够，如果睡眠不足要及时调整。

方法2：作息时间紊乱也会导致宝宝说梦话，所以如果宝宝的作息时间不科学规律，就要及时调整。

方法3：帮助宝宝放松身心，疲劳、心理压力大、紧张焦虑等也会引起宝宝说梦话。

方法4：尽量避免宝宝在睡前吃太多，不要吃辛辣和高糖食物。

方法5：宝宝还可能受搬家、入园等新变化的影响而说梦话，不过这种情况是暂时性的，等宝宝适应后，说梦话就会消失。

Tips

养成良好睡眠规律
半夜醒来不要陪着宝宝玩，要明确告诉宝宝晚上要睡觉，白天爸爸妈妈要工作。

和宝宝一起午睡
午饭后不要玩游戏，以免使宝宝太兴奋，妈妈午睡给宝宝做榜样。

卧室不宜放电视
卧室的电视会打乱宝宝按时入睡的计划，宝宝容易晚上做噩梦。

📋 宝宝还尿床怎么办

50%的3岁宝宝和40%的4岁宝宝都会有尿床现象，这是正常现象。随着宝宝越长越大，尿床的频率也会逐渐降低，直至完全消失，所以在多数情况下不需要爸爸妈妈采取措施。此外，糖尿病、食物过敏、药物过敏等状况都会引发尿床问题。宝宝频繁尿床还可能是有睡眠障碍，如果宝宝还伴有其他症状，就要及时咨询医生。

📋 梦中醒来的宝宝

宝宝白天的活动和思维很活跃，晚上睡觉也会经常做梦。有的宝宝即使做了噩梦，从梦中惊醒也不会哭闹，而是突然坐起来两眼紧张兮兮地看着爸爸妈妈。如果宝宝噩梦惊醒后哭闹，爸爸妈妈也能很快让宝宝安静下来，因为宝宝已经长大了，能听懂爸爸妈妈的话，知道梦中的情景不是真实的。

如果宝宝已经独睡，被噩梦惊醒后，可能会跑到爸爸妈妈的房间，钻进爸爸妈妈的被窝，并且很快再次入睡，遇到这种情况也不要再把宝宝送回他的小床上。

为了尽量减少宝宝做噩梦，爸爸妈妈平时不要让宝宝看恐怖的影视片，不要吓唬宝宝，也不要在宝宝面前争吵。

📋 为宝宝营造安全的睡眠环境

居室环境的安全：宝宝的卧室要向阳、通风、安静、清洁，室温在18~26℃，相对湿度在60%左右，爸爸不要在卧室内抽烟。

婴儿床的安全：这个年龄段的宝宝，可以选择一种能够与大人的床连在一起的亲子床，最好是标准的婴儿床，宝宝翻身、滚动也不用担心。

保暖但不过热：宝宝睡觉时，最好不要穿得太厚和盖得太厚，如果担心宝宝踢被子，可以给宝宝准备一个大小合适的睡袋，并经常清洗，暴晒。

床垫的安全：宝宝用的床垫要结实平坦，床单要是纯棉的。床垫适度硬一点，太软的床垫不利于宝宝脊柱健康。爸爸妈妈也不要把宝宝放在沙发上睡觉。

绒毛物件远离宝宝：容易掉细小绒毛的物品，如毛毯、羽绒被、绒毛玩具等，最好别放在宝宝睡觉的地方，以免刺激宝宝的呼吸道。

 **护理**

2~3岁的宝宝，已经是个小大人了，有了一定的自主性，喜欢自己做一些事情，也会乐意帮爸爸妈妈做家务。爸爸妈妈在感到高兴的同时，也别忘了照护好宝宝的日常生活，居住、玩耍环境要卫生，衣物要舒服，出行时要注意安全。

📋 教宝宝正确漱口

漱口能够清除口腔中部分食物残渣，是保持口腔清洁的简便易行的方法之一。学会漱口还可以为学刷牙打下良好的基础。

教会宝宝将水含在口内、闭口，然后鼓动两腮，使漱口水与牙齿、牙龈及口腔黏膜表面充分接触，利用水力反复来回冲洗口腔内各个部位，使牙齿表面、牙缝和牙龈等处的食物碎屑得以清除。父母可以先示范给宝宝看，让宝宝边学边漱，逐步掌握、提高，慢慢养成饭后漱口的习惯。用淡盐水和茶水漱口，有助于口腔清洁。

📋 养成早晚刷牙的好习惯

刷牙是预防宝宝龋齿最有效、最经济的方法。从宝宝1岁左右教他(她)学着漱口，开始可能漱不好，经常把漱口水咽下去，因此要用温开水漱口。2岁以后，宝宝20颗乳牙萌出后就要学习刷牙。

爸爸妈妈先向宝宝讲明，现在长大了，自己的事情要自己做，使他愿意学习爸爸妈妈教给他的本领。爸爸妈妈可以带宝宝一起去买自己喜欢的牙刷、牙膏，培养宝宝对刷牙的兴趣。

牙膏、牙刷的选购

选购儿童专用牙膏。很多宝宝都喜欢在刷牙时，把牙膏吞吃了，所以爸爸妈妈最好买食品级儿童专用牙膏。避免购买样式或口味很特别的牙膏，比如樱桃味、草莓味或是泡沫糖形状的牙膏，因为这些牙膏宝宝们很喜欢吞咽下去。

选择儿童保健牙刷，刚开始学习刷牙的宝宝要选用2~3排，每排3~4束毛，平顶式的儿童牙刷为好。刷头应较短窄，毛束的间隙距离应较大，刷毛的软硬要适中，而且要磨毛的。如果毛束间隙距离太小，不易清洁，容易被细菌污染，而刷头较大或刷毛较硬会刺破或擦伤宝宝牙龈。

📋 3 岁时的第 1 次视力检查

　　妨碍宝宝视觉正常发育的眼疾很多,如眼睛屈光不正(包括近视、远视和散光)、弱视、斜视及其他眼球疾病。弱视如果发现太晚会造成终身残疾,最好的治疗时间在4~6岁以前,学龄以后尤其12岁以后治疗效果很差。所以,应尽早发现宝宝的视力异常,以便及时加以治疗。宝宝视力异常时,不像成人会诉说,这就要依靠爸爸妈妈仔细观察才能够发现。

　　观察宝宝的视物姿势:如果宝宝看书、玩玩具、看电视时常常靠得很近或歪着头看东西,或眯起眼睛看东西,则要注意宝宝是否有视力异常。

　　2岁多的宝宝不会看视力表,爸爸妈妈可以做以下试验:分别遮住宝宝的眼睛,让他(她)单眼看0.5~1米处的一张画片,如果两眼分别看时都能讲出画片内容,说明两眼视力相似,无明显的视力下降。如果用某一只眼看画片时说错画片的内容,或者宝宝很烦躁,急于想打开被遮盖的眼睛,这可能提示未遮盖的眼睛视力有异常。当然画片的内容必须是宝宝熟悉的,在宝宝高兴配合时反复多做几次才行。假如几次试验结果一致,应该请眼科医生进一步检查。

　　宝宝快满3岁时,可以耐心地教他(她)认识视力表,满3岁应当进行第一次视力检查。最近几年,儿童保健已对4岁以上宝宝每年普查一次视力。如果爸爸妈妈对自己宝宝的视力有怀疑,也可以提前请保健医生检查。事先教会宝宝认识视力表"E"的开口是怎么回事,效果会更好。

📋 宝宝的视力发育表

宝宝年龄	视力
刚出生	仅有光感,能看清20厘米远的物体
1周	眼睛、头转向亮光处
2周	手电光照时两眼有少量辐辏
1个月	保护性瞬目反射
2个月	能注视大物体,视力约为0.012~0.025
3个月	会看移动的铅笔,视力约为0.025~0.033
4个月	会看自己的手,用手接触物体,视力约为0.05
6个月	0.06
1岁	0.2~0.25
2岁	0.5
3岁	0.6
4~5岁	0.8~1.0
6岁	视力发育接近完善,达到1.0

宝宝为什么老眨眼睛

宝宝老是不停地眨眼睛，爸爸妈妈要细加询问，排除宝宝有意玩闹的原因后，要考虑以下几种可能。

1.炎症。眼部有炎症会造成宝宝不适，老是眨眼睛。

2.倒睫。宝宝的下眼睑缘向后卷，眼睫毛刺激眼球，导致老是眨眼睛。

3.眼内异物。灰尘或者小虫子之类的微小异物停留在宝宝的眼内，造成不适。

4.心理习惯。之前眼睛出现问题，痊愈之后不自觉地留下眨眼的习惯。

如果是前3种原因引起的，爸爸妈妈要及时帮助宝宝解决身体不适，如果是第4种原因，就需要带宝宝去看心理医生。

教宝宝做眼保健操

做眼睛保健操对发展脑力有良好的作用。通过眼球的运动可以带动大脑运动。视觉神经属于中枢神经，时常注意运动眼球，可使肌肉逐渐发达，使眼神经传递信息的能力增强，从而使脑细胞的活动能力得到发展。

妈妈平时可以让3岁左右的宝宝练习运动眼球，经常练习可以使人精神焕发，明眸皓齿，聪明灵活。

眼球运动方向的方法：自然闭眼，放松，先用眼球做左右水平移动3个来回，再让眼球顺时针和逆时针方向各转动3次。接着稍息片刻，睁眼平视前方，重复2次。早晚各做1次，功效不错。宝宝刚开始可能不熟悉怎么做，妈妈可以给宝宝做示范，多练习两次就好了。

消灭家中的螨虫

因为地毯容易滋生螨虫，所以宝宝居室最好不要使用地毯，如果实在需要，应定时(至少每年在进入夏季前)用地毯专用洗涤剂清洗。每天还要用吸尘器给地毯吸尘，隔一段时间在地毯上喷洒"灭害灵"等杀虫剂，喷洒后宜开窗通风，宝宝不要待在室内。

保持室内环境的干燥、通风，若遇湿度大的天气，即使湿度不高，也要用空调机或除湿机抽湿。

经常将宝宝的被褥、枕头放在强烈的日光下暴晒，拍打除尘。

要勤给宝宝洗澡，勤换衣裤。宝宝的衣裤，尤其是内衣裤洗后应放在阳光下暴晒。

每到夏季，用凉席前，应将隔年贮存的凉席、枕席、沙发席等草竹制品卷起，竖在地上用力敲打，用开水烫一遍，以杀死螨虫及其虫卵。

给宝宝强化交通安全意识

爸爸妈妈要经常给宝宝灌输遵守交通规则的重要性。告诉宝宝没有爸爸妈妈的带领绝对不能自己过马路。过马路时必须走人行横道，如果有过街天桥或地下通道，就一定要走过街天桥或地下通道。及早让宝宝认识红绿灯等交通安全标志。带宝宝过马路，绿灯时注意左边没有车辆再过马路，注意有无特种车辆(如警车、救护车等)急行通过路口。在横穿马路时不要急跑，宁可多等一会儿，也不要抢时间。千万不要带着宝宝翻越马路中间的隔离栏，或过马路时边走边玩。

让宝宝爱上劳动

2~3岁的宝宝对周围的事物已经认识了不少，双手已很灵活，所以，爸爸妈妈可以让宝宝参加适当的家务劳动。最初的家务劳动当然就是自我服务，比如自己吃饭、穿衣、洗手等，慢慢过渡到为家人服务，如给洗衣服的妈妈拿肥皂。宝宝可以从这些平凡的劳动中学习一些劳动技能，养成劳动的好习惯。

但是爸爸妈妈千万不要把劳动当成惩罚的手段，也不要用糖或钱去奖励，否则时间一长，爸爸妈妈会把宝宝爱劳动的好习惯变成索取的坏毛病。

让宝宝自己洗手，宝宝会很乐意展现自己的能力，这是训练宝宝自理能力的好开端。

2~3岁是培养宝宝自理能力的最佳时期

宝宝逐渐长大了，开始具备各种生活自理能力。爸爸妈妈要借机引导，培养宝宝从小料理自己生活的独立性，防止依赖性。自理能力的培养也是促进、锻炼宝宝技能的过程，是培养劳动观念的过程，这对宝宝今后的学业和生活、对适应复杂的社会生活都是十分有益的。

宝宝刚开始学习做事时，可能会搞得乱七八糟，爸爸妈妈首先应加以鼓励和表扬，如说"宝宝真能干，会帮助妈妈做事了"，让宝宝感到"被接纳"和"认可"，然后再示范怎么做，并给予一些必要的帮助。这样使宝宝体验到做事成功的欢乐，意识到自己的能力，从而更有信心主动学习，独立探索。

如果爸爸妈妈嫌宝宝慢、麻烦就一切代劳或过分溺爱，过分照顾，会挫伤了宝宝独立性的萌芽，使他养成一切依赖于别人的习惯，这对宝宝是害而不是爱。

附录
0~1 岁宝宝智能发育水平对照表

	大运动	精细动作
1个月	拉着手腕可以坐起，头可保持竖直状态片刻（2秒）	触碰手掌会紧握拳头
2个月	拉着手腕可以坐起，头可保持竖直状态短时（5秒）	俯卧时头可抬离床面，拨浪鼓在手中能握刻
3个月	俯卧时可抬头45°，抱直时头较稳	两手可握在一起，拨浪鼓在手中能握0.5秒
4个月	俯卧时可抬头90°，扶腋可站片刻	摇动并注视拨浪鼓
5个月	轻拉腕部即可坐起，独坐时头、身向前倾	抓住近处玩具
6个月	俯卧翻身	会撕纸、会去拿桌上的积木
7个月	可以自如地独自坐着	自己取一块积木，再取另一块
8个月	双手扶着东西可站立	拇指、无名指捏住小球；手中拿两块积木，并试图取第三块积木
9个月	会爬，拉双手会走	拇指、食指能捏住小球
10个月	会拉住栏杆站起身、扶住栏杆可以走	拇指、食指的动作熟练
11个月	扶物、蹲下取物；独站片刻	打开包积木的纸
12个月	独自站立稳；牵一只手可以向前走	试着把小球投入小瓶；会握笔并能画出线

适应能力	语言	社交行为
眼睛会跟着红球稍有移动，听到声音有反应	自己会发出细小声音	眼睛跟踪走动的人
立刻注意大玩具	能发出ɑ、o、e等元音	逗引时有反应
眼睛跟红色的球可转180°	笑出声	模样灵敏、见人会笑
偶然注意响动、找到声源	高声叫、咿呀作声	认识熟悉的亲人
拿住一块积木并注视另一块积木	对人或物能发声	见到食物兴奋
两手同时拿住两块积木、玩具掉了会找	叫名字转头	自己吃饼干、会找藏猫猫（手绢挡脸）的人的脸
积木换手、伸手够远处玩具	发bɑ-bɑ、mɑ-mɑ音，但没有所指	对着镜子会有反应；能分辨出生人
持续用手追逐玩具、有意识地摇铃	能把语言和物品联系起来	懂得成人面部表情
能注视画面上单一的线条	会欢迎、再见（手势）	表示不要某种东西
能懂得并服从大人的指令	模仿发声	懂得常见物及名称、会表示兴奋等情绪
具备简单的解决问题能力	有意识地发一个字音	懂得"不"，模仿拍娃娃
理解能力、注意力、模仿力都有所增强	叫妈妈、爸爸有所指；向他要东西知道给	穿衣时知道配合

0~3 岁宝宝成长监测曲线

0~3岁宝宝体重曲线图

体重（千克）

正常高线

平均水平

正常低线

——（实线）男宝宝

········（虚线）女宝宝

月龄

| 18 | 17 | 16 | 15 | 14 | 13 | 12 | 11 | 10 | 9 | 8 | 7 | 6 | 5 | 4 | 3 | 2 | 1 |

| 01 | 02 | 03 | 04 | 05 | 06 | 07 | 08 | 09 | 10 | 11 | 12 | 13 | 14 | 15 | 16 | 17 | 18 | 19 | 20 | 21 | 22 | 23 | 24 | 25 | 26 | 27 | 28 | 29 | 30 | 31 | 32 | 33 | 34 | 35 | 36 |

0~3岁宝宝身高曲线图

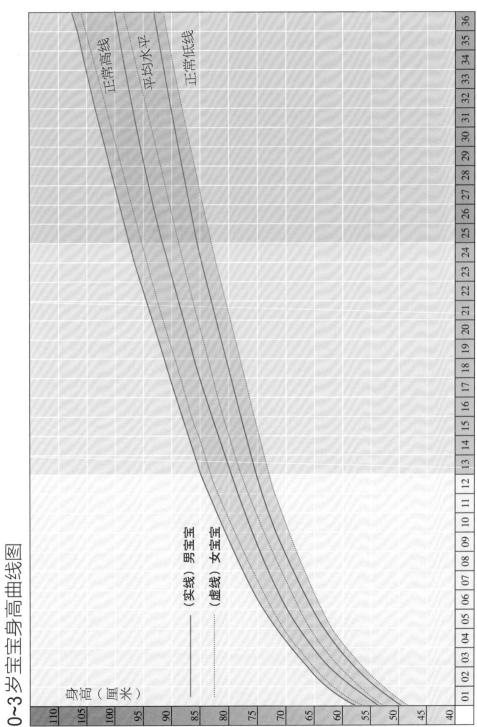

身高（厘米）

—— （实线）男宝宝
········ （虚线）女宝宝

正常高线
平均水平
正常低线

月龄

微博上炙手可热的儿童营养师刘长伟，用专业的知识和满满的诚意倾力打造的儿童营养力作。母乳喂养、人工喂养、辅食添加、科学断奶……妈妈们最想知道的问题全程专业解读，帮助新手妈妈轻松绕过喂养误区；哺乳期妈妈的食物调理指南，吃出营养，让母乳为宝贝提供不竭的营养动能。手把手教你养孩子，一本书搞定宝宝前三年。

《刘长伟 母乳喂养到辅食添加》

39.80 元

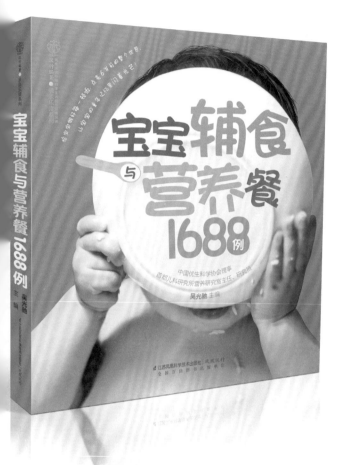

从宝宝的第一口辅食到上幼儿园、上小学前的饮食一本书搞定，新手妈妈也能做出营养又美味的辅食和营养餐。跟着"妈妈喂养经"，让宝宝从小养成良好的进餐习惯和礼仪，让妈妈不再追着喂、哄着吃。更有贴心的儿童按摩方法和亲子游戏，教妈妈在睡前捏一捏和小游戏过程中，轻轻松松化解宝宝积食、消化不良等小毛病，让妈妈成为宝宝最贴心的"保健医生"。

《宝宝辅食与营养餐 1688 例》

★ 29.80 元 ★

图书在版编目（CIP）数据

药剂师妈妈育儿经 / 朱明媚主编 . -- 南京：江苏凤凰科学技术出版社，2016.6
（汉竹·亲亲乐读系列）
ISBN 978-7-5537-6054-4

Ⅰ.①药… Ⅱ.①朱… Ⅲ.①婴幼儿－哺育－基本知识 Ⅳ.① TS976.31

中国版本图书馆 CIP 数据核字（2016）第 016731 号

中国健康生活图书实力品牌

药剂师妈妈育儿经

主　　　编	朱明媚	
编　　　著	汉　竹	
责 任 编 辑	刘玉锋　　张晓凤	
特 邀 编 辑	陈　岑	
责 任 校 对	郝慧华	
责 任 监 制	曹叶平　　方　晨	

出 版 发 行	凤凰出版传媒股份有限公司
	江苏凤凰科学技术出版社
出版社地址	南京市湖南路 1 号 A 楼，邮编：210009
出版社网址	http://www.pspress.cn
经　　　销	凤凰出版传媒股份有限公司
印　　　刷	南京精艺印刷有限公司

开　　　本	720mm×1000mm　　　1/16
印　　　张	13
字　　　数	130000
版　　　次	2016 年 6 月第 1 版
印　　　次	2016 年 6 月第 1 次印刷

标 准 书 号	ISBN 978-7-5537-6054-4
定　　　价	32.80 元

图书如有印装质量问题，可向我社出版科调换。